yourself

Do it

Rudolf Huttary

Haushaltselektronik erfolgreich selbst

diagnostizieren und reparieren

Anleitung zur Reparatur von
- Elektronik-Grundschaltungen - Netzteilen
- Audiogeräten - Fernsehgeräten

Mit 54 Abbildungen

Franzis'

Die Deutsche Bibliothek – CIP-Einheitsaufnahme

Ein Titeldatensatz für diese Publikation ist bei
Der Deutschen Bibliothek erhältlich

© 2002 Franzis Verlag GmbH, 85586 Poing

Satz: Autor
Druck: Offsetdruck Heinzelmann, München
Printed in Germany - Imprimé en Allemagne.

ISBN 3-7723-5105-0

Vorwort

Liebe Leserin, lieber Leser

Machen wir uns nichts vor! Die Entwicklung der letzten zwei Jahrzehnte im Bereich der Elektronik und Mikroelektronik hat längst nicht nur den Hobbyisten hoffnungslos im Regen stehen lassen, auch der sogenannte „Fachmann" ist inzwischen mehrfach überrundet. Die Service-Techniker beschränken sich heute nur noch auf den halbwegs lukrativen Austausch fertiger Baugruppen, Platinen und Module – bzw. auf das Ausstellen gesalzener Kostenvoranschläge, die dem Kunden die Entscheidung für den Kauf eines Neugerätes nicht nur schmackhaft machen sollen, sondern in vielen Fällen auch direkt nahelegen, zumal, wenn die Reparatur teurer wird als das „bessere" Neugerät.

Freilich ist es einfacher und „kostendeckender", einem Fernsehgerät kurzerhand eine neue Signalplatine zu spendieren, als die alte noch einmal auf „Herz und Nieren" zu prüfen. Ein Blick auf die Anschlüsse der Transformatoren im Schaltnetzteil und Hochspannungsteil, eine kurze Überprüfung der gefährdeten Halbleiter (Dioden, Leistungstransistoren und MOSFETs) und eine einfache Sichtkontrolle auf Verfärbung könnte so manche Signalplatine durch einen kurzen Streich mit dem Lötkolben oder den Austausch eines Bauteils, das nur Cent-Beträge kostet, dauerhaft wieder zum Leben erwecken – und dem Kunden einige Hundert Euro weniger auf der Rechnung bescheren. Wo aber bleiben dabei die Zahlen der Unternehmen, die Steigung in der Konsumgüterkurve und – überhaupt – die ganze Konjunktur?

Angesichts der nach wie vor ständig fallenden Preise für immer höher integrierte Neugeräte mit immer bunterer Funktionsvielfalt stellt sich *natürlich* die Frage, ob man ein defektes elektronisches Gerät nicht gleich besser dem örtlichen Müllunternehmen für einige Euro Entsorgungsgebühr übergibt, als sich mit überteuerten Kostenvoranschlägen – oder besser: Kosten-vor-„Anschlägen" – herum zu ärgern. Dass solche Geräte dann meist, entweder unter der Hand oder höchst offiziell, dennoch ihren Weg zurück in den Gebrauchtmarkt finden, ist wohl eher ein klares Zeichen dafür, dass nicht in jedem Fall gleich Hopfen und Malz verloren sind und sich Eigeninitiative bei der Diagnose und Reparatur als bare Münze im Geldbeutel bemerkbar machen kann.

Es gibt eine ganze Reihe von Büchern, die speziell auf die Reparatur einzelner Gerätegattungen, etwa Fernsehgeräte, Videorecorder oder CD-Spieler ausgerichtet sind (beachten Sie hierzu das Literaturverzeichnis und das Verlagsprogramm des Franzis-Verlag). Diese Bücher gehen in die Tiefe und richten sich daher eher an den Service-Techniker und dessen Möglichkeiten, bleiben dafür aber in ihrer Aussagekraft auf die jeweilige Gerätegattung beschränkt.

Der mit diesem Buch vorliegende vierte Teilband des Gesamtbands *Haushaltselektrik und -Elektronik* versteht sich als Ratgeber für Elektronikreparaturen im Allgemeinen und im Besonderen. „Im Allgemeinen" deshalb weil die hier vorgestellte Methodik für die Fehlersuche in elektronischen Steuerungen und Schaltungen bei einer breit gestreuten Vielfalt an Geräten zu schnellen Erfolgen führt und somit nicht an einzelne Gerätegattungen gebunden ist. „Im Besonderen", weil sich im Haushalt vor allem Geräte finden, die dem Bereich der Unterhaltungselektronik zuzuordnen sind und hier auch die meisten Ausfälle zu beklagen sind.

Sicherlich kann die Fülle der auf dem Markt befindlichen elektronischen Geräte im Rahmen eines solchen Ratgebers nicht umfassend abgedeckt werden. Die Darstellung setzt bei den einzelnen Bauteilen und ihrer Funktion im schaltungstechnischen Aufbau sowie den Möglichkeiten der Diagnose an, diskutiert dann verschiedene grundlegende Schaltungen und nimmt sich schließlich der wichtigsten Gerätegattungen aus dem Bereich der im Haushalt zu findenden Unterhaltungselektronik an – von einfachen Musikgeräten bis hin in die Fernsehtechnik, mein eigentliches Spezialgebiet. Dennoch habe ich mich bemüht, den Blickwinkel des Einsteigers beizubehalten, ohne zu sehr auf die zunftüblichen Methoden der apparategestützten Messung und Analyse zurückzugreifen. Der Laie, die Laiin wird in vielen Fällen dennoch in die Lage versetzt, durch Beobachtung und gezielte Fehlersuche entlang formaler Richtlinien und umfangreicher Fehlertabellen häufige Defekte schnell zu erkennen und beheben, ohne die Funktionsweise der jeweiligen Stufe im Einzelnen verstehen zu müssen. Gleichzeitig muss er/sie aber auch die eigenen Grenzen erkennen und oft dem besser ausgerüsteten Fachmann das Feld räumen. Es versteht sich von selbst, dass dieser Teilband weder eine geschlossene Einführung für „Unbelekte" noch eine systematische Aufarbeitung für „Belekte" enthalten kann. Der Inhalt schlängelt sich vielmehr wie ein Ariadnefaden durch den Dschungel des erfolgsorientierten Machbaren – ohne irgendwelche Erfolgsgarantien. Ich stelle mir vor, dass diese stark an die Arbeitsweise von Experten angelehnte Vorgehensweise (Ausnutzung von statistischem Wissen) sowohl Neulinge für ein tiefergehendes Studium der Elektronikwelt anregen als auch sattelfestere Elektronikfreaks mit handfesten Tipps für die Trickkiste versorgen kann.

Die Darstellung des Stoffs erfordert vom Prinzip her keine Vorkenntnisse im Bereich der Elektronik, die über ein schulisches Verständnis der grundlegenden elektrischen Größen hinausgehen – wiewohl weiterführende Kenntnisse die Erfolgsquote zunehmend steigern. Im Allgemeinen werden Sie aber nicht ohne ein gewisses mechanisches Verständnis und Vorstellungsvermögen auskommen, insbesondere mit Blick auf die Demontage und den späteren Wiederzusammenbau eines Geräts, aber auch auf die Reparatur mechanisch bedingter Ausfälle und Verschleißerscheinungen. Handwerkliches Geschick ebenso wie Improvisationstalent lassen sich eher nicht anlesen!

Bevor ich Sie nun in die eher kalte Materie des Technischen entlasse, möchte ich Sie daran erinnern, dass ich Ihnen noch eine Charakterisierung Ihrer selbst schuldig bin. Zunächst stelle ich Sie mir sowohl als Frau als auch als Mann vor, fest entschlossen, die Zügel selbst in die Hand zu nehmen. Sie haben ein wenig Zeit, Lust und Geduld, sich mit dem faszinierenden Innenleben elektronischer Geräte näher auseinanderzusetzen. Neben einem gesunden Geschick für Handwerkliches besitzen Sie die Fähigkeit des Beobachtens und Sich-Hineindenkens in Zusammenhänge. Zu guter Letzt erhalten Sie noch das Attribut der Vernunft. Denn Sie wissen, dass das, was Sie fabrizieren, auch für andere – Unbedarfte – ungefährlich sein muss, wie für Sie selbst. Seien Sie daher sorgfältig in Ihrer Arbeit, denken Sie für andere mit und schätzen Sie Ihre eigene Kompetenz richtig ein.

Beachte *Beachte*

Haftungsausschluss

Obwohl ich meine Tipps besten Wissens und Gewissens für Sie zusammengestellt und aufgeschrieben habe, kann ich verständlicherweise keine Verantwortung und Haftung für das übernehmen, was Sie daraus machen. Bei auftauchenden Zweifeln (auch an meinen Ausführungen) sollten Sie daher in jedem Falle den Segen eines Fachkundigen oder geprüften Fachmanns einholen, bevor Sie Andere oder sich selbst unmittelbar oder mittelbar gefährden!

Beachte *Beachte*

Jetzt bleibt mir nur noch, Ihnen viel Spaß und Erfolg bei der Arbeit zu wünschen sowie der Hinweis, dass die „Angst der Anderen" wohl auch ihre Gründe hat, wenn man so manche Self-Made-Arbeiten genauer betrachtet.

Den liebenswerten Geistern, die mir bei der Korrektur des Manuskripts behilflich waren, sei auf das Herzlichste gedankt.

München, Oktober 2001   Rudolf Huttary

Inhalt

Inhalt

Inhalt

Inhalt

Haben Sie einmal einen Blick in Ihr Handy geworfen? Nein? Gut so, denn sonst hätten Sie das Buch an dieser Stelle vielleicht mit der Diagnose „hoffnungslos" bereits wieder zugeschlagen ...

Der vierte Teil des Rundgangs führt in die Gefilde des elektronischen Haushalts – in das Universum der Unterhaltungselektronik mit ihren technischen Tricks und Spielereien. Ziel soll es sein, einfachere Probleme (und das sind in der Tat die häufigsten) mit Ton- und Bildwiedergabegeräten, aber auch in ihrem Zweck völlig unbekannten Steuerungen – soweit es die Ausrüstung des Laien zulässt – im „Sichtflug" selbst analysieren und beheben zu können. In meinem langjährigen Kontakt mit dieser Materie hat sich eine Methode herauskristallisiert, die selbst mit geringem theoretischen Vorwissen – und in den meisten Fällen gezwungenermaßen auch ohne Schaltplan – zu guten und schnellen Erfolgen führt. Was freilich nicht heißen soll, dass die Beseitigung gewisser Fehlerbilder nicht doch gute Schaltpläne, tieferen Einblick in das Wesen der Materie und adäquate Mess- bzw. Analysegeräte voraussetzt. Die Grenzen sind fließend, und der besser ausgerüstete Fachmann kann ja dann immer noch hinzugezogen werden, wenn man selbst nicht mehr weiter weiß.

Es versteht sich von selbst, dass diese pragmatische Herangehensweise nur den Beginn eines langen, aber faszinierenden Wegs markiert, den jede(r) für sich anhand tiefer gehender Literatur nach Belieben weiter verfolgen kann, wenn einmal die Schwellenangst beseitigt ist. Wie auf jedem wissenschaftlich-technischen Gebiet wird man hier schnell feststellen, dass der Raum in dem Maße größer wird, je tiefer man blickt, und es fraglich bleibt, ob die „Stecknadel" oder der „Heuhaufen" schneller wächst. Tieferes Verständnis der Materie ist eben nur eine Seite der Medaille. Die andere ist zweifellos die Machbarkeit. Keine andere Sparte der Industrie reicht mit ihren Auslegern soweit bis in die letzten Winkel des gewöhnlichen Haushalts wie die Elektronikindustrie – und keine so vielfältig. Hinzu kommt, dass die Komplexität elektronischer Geräte im gleichen Maße wächst, wie die Integrations- und Fertigungstechniken zu einer immer weiteren Verdichtung der Layouts, der Komponenten und des Gesamtaufbaus führen. Die gleichzeitig mit der vollständigen Automatisierung von Fertigungsabläufen einhergehende Verbilligung der Herstellungsverfahren und Qualitätskontrollen tut ihr Übriges: Der Kunde erhält für immer weniger Geld immer höher integrierte Hochleistungsprodukte, deren Reparatur in keinem Verhältnis zum Neukauf mehr steht. Um das Bild abzurunden, gibt es die (ab 2002 auf zwei Jahre verlängerte) Gewährleistungsfrist: Wehe dem, der das Siegel bricht, um erst einmal selbst einen Blick in das Gerät zu werfen, weil er die langen Reparaturzeiten und den

Transportaufwand scheut. Obwohl auch der Hersteller nur noch in seltenen Fällen wirklich eine Reparatur vornimmt, wird dem Kunden natürlich unterstellt, das Gerät durch sein Eingreifen unbrauchbar gemacht zu haben. Denn schließlich hat er nichts Besseres zu tun, als sein neu gekauftes Gerät erst einmal zu demontieren und mutwillig Defekte anzubringen, um dann wochenlang darauf zu warten, bis es ihm ersetzt wird.

Und Garantien? Die erhält man – wenn überhaupt – nur noch für teuere Qualitätsprodukte. Gibt ein Gerät pünktlich nach Ablauf der jeweiligen Frist seinen Geist auf, hat der Markt bereits die Akzeptanz für so viele neue Features und Gimmicks geschaffen, dass der Neukauf des Geräts in Erwartung verbesserter Technologie und eines vergrößerten Funktionsumfangs nicht mehr schwerfällt – zumal die Finanzierungsmodelle verlockender werden und Folgekosten unter den Tisch kehren. Tintenstrahldrucker kosten nahezu nichts mehr, weil die Hersteller ihr Geld mit den Tintenpatronen verdienen, Handys bezahlt der Kunde mit seinen späteren Telefonaten, und DVD-Spieler sponsert die „Scheiben"-Industrie.

Wie dem auch sei, es gibt sie noch und wird sie wohl immer geben: die guten alten, aber auch neuen Geräte mit ihren kleinen Macken und Defekten. Seien sie geschenkt, gefunden oder teuer bezahlt, sie warten darauf, mit ein wenig Know-how von einer fürsorglichen Hand wieder zum Leben erweckt zu werden. Sofern Sie noch kein Blut geleckt haben: Es erwartet Sie ein Hobby, das sicher nie langweilig wird und bei dem sich schnelle Erfolgserlebnisse mit geduldigem Kampf abwechseln. Und noch ein guter Grund: Vergessen Sie nicht, dass auch das gesamte Müllsystem auf dem Rücken der Bürger ausgetragen wird. Wir bezahlen immer mehr Geld für die Entsorgung von uns immer besser sortierten Mülls. Seit es (mit geringen Unterschieden in den verschiedenen Bundesländern) so weit gekommen ist, dass der Endverbraucher für die Entsorgung von Elektrogeräten schon fast mehr bezahlt als für neue Geräte (fehlt nur noch eine „Wenigerwertsteuer"), haben sich bei den Müllunternehmen richtiggehend mafiöse Strukturen herausgebildet, die nicht nur zu mehrmaligen Zyklen aus Wiederverkauf und erneuter Entsorgungsgebühr führen, sondern auch breite Handelswege in wirtschaftlich schwächere Nachbarländer eröffnet haben. Der Entsorgende bezahlt häufig dafür, dass ein Anderer sein Gerät „nicht entsorgt", sondern gewinnbringend weiterverkauft.

In der ersten Hälfte dieses Teils finden Sie allgemeinere Informationen, die Sie mit der Materie vertraut machen sollen. Dazu gehören eine kleine Bauteilkunde, die allerwichtigsten Grundkonzepte der elektronischen Schaltungstechnik sowie deren Darstellung in Schaltplänen und Methoden bei der Fehlersuche. In der zweiten, praktischen Hälfte gebe ich Ihnen detaillierte Hinweise für die Wartung, Fehlersuche und Reparatur von Hifi-Anlagen und Fernsehgeräten, die sich ohne weiteres auch auf andere, nicht eigens vorgestellte Gerätegattungen übertragen lassen. Die besprochenen Fehlerbilder decken statistisch gesehen die häufigsten Ausfälle ab und liegen zugleich noch im Bereich des für Hobbyisten Machbaren.

1 Werkzeuge der Elektronik

Arbeiten an elektronischen Geräten sollten nicht mit zu plumpem Werkzeug durchgeführt werden, da die vornehmlich kleinen, ja winzigen Bauelemente mit ihren filigranen Beinchen oft bereits bei geringer mechanischer oder thermischer Belastung das Zeitliche segnen.

1.1 Diese Werkzeuge sollten Sie besitzen

➤ Diverse Schraubendreher (Kreuz- und Schlitzausführungen in verschiedenen Größen), darunter auch sehr feine Elektronikschraubendreher (isoliert), notfalls auch Uhrmacher-Schraubendrehersatz (nicht isoliert!)

➤ Diverse Elektronik-Zangen, darunter Miniseitenschneider (evtl. tut es auch eine Nagelzwicke), Minispitzzange rund und flach (Preis für ein Billigset ca. 8 €), normale Adernabisolierzange, Pinzetten

➤ FCKW-freies Elektronik-Kontaktspray (kein Autokontaktspray, Preis: um 5 €) und Kältespray (Preis: um 10 €). Da gewöhnliches Kontaktspray im Gegensatz zu Kältespray elektrisch leitet, darf es nur am stromlosen Gerät angewendet werden. Nach der sparsamen Anwendung sollten Sie mehrere Minuten warten, bis die Flüssigkeit verflogen ist.

➤ Elektronik-Lötkolben (ab 5 €) und feines Elektroniklot (ca. 5 € je 100 g), evtl. potenzialfreie Niedervolt-Lötstation (Preis: ab 50 €); notfalls auch Miniatur-Gaslötbrenner (ab 20 €), jedoch keine Feuerzeuge (!); Lötpistolen sind für feinere Arbeiten ein zu grobes Werkzeug

➤ Entlötpumpe (ab 3 €); Entlötlitze ist nur für SMD-Technik – und da auch nur bedingt – geeignet

➤ Vielfachmessgerät – möglichst analoge Ausführung, wenn digital, dann mit Transistortest-Option (ab 15 €)

➤ sauberer Arbeitstisch mit verstellbarer Arbeitsleuchte, Lupe, Spiegel, Platinenhalterung, Messschnüre mit Krokoklemmen

➤ Elektronikfundus – darunter ein kleines Widerstandsortiment, diverse Feinsicherungen, Netztransformatoren, Kondensatoren, Dioden und Transistoren, Anschluss- und Verbindungskabel, Stecker etc. (evtl. Chassis von ausgedienten TV-Geräten, Verstärkern etc.). Sortimente für elektronische Bauteile lassen sich gut und billig aus Streichholzschachteln selbst herstellen (vgl. Abbildung 1.2).

1.1 Diese Werkzeuge sollten Sie besitzen

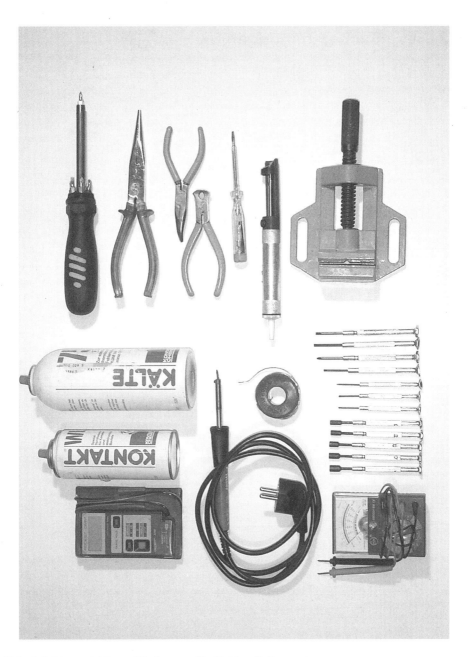

Abb. 1.1: Unverzichtbare Werkzeuge für Elektronik-Reparaturen

Werkzeuge der Elektronik

1

1.2 Diese Sachen benötigen Sie nach Bedarf

➤ Verschiedene Bleche, Kunststoffteile, Gummirollen, Gummiringe, Wärmeleitpaste (Preis unter 3 €)

➤ Isolierband, Spiritus, Taschentücher, Wattestäbchen, Reinigungspinsel, Messingbürste, feines Schmirgelpapier, hochwertiges Lagerfett, Feilen, Miniatursäge

➤ Sekundenkleber, Zweikomponentenkleber, Heißklebepistole (ab 10 €)

➤ Fön, Feuerlöscher

➤ Frequenzgenerator für die Signaleinspeisung (Preis ab 50 €, gut auch gebraucht zu erwerben)

➤ Spannungsvariables, kurzschlusssicheres Niedervoltnetzgerät (ab 30 €, gut auch gebraucht zu erwerben)

➤ Oszilloskop für die optische Verfolgung von Signalverläufen (ab 100 €, gut auch gebraucht zu erwerben)

➤ Kurzwellenempfänger für den indirekten Nachweis von Wackelkontakten und Funkenüberschlägen in Bauteilen und Schaltungen

➤ Trenntransformator (je nach Leistung ab 15 €), zwei hintereinander geschaltete Netztransformatoren mit gleicher Sekundärspannung und der geforderten Leistung tun es auch.

➤ Zusätzliche Literatur, Datentabellen, Schaltungsbeispiele, Vergleichstabellen, Schaltpläne

➤ Internetanschluss für die Recherche von Daten, Händlern, Herstellern, Ersatzteilen

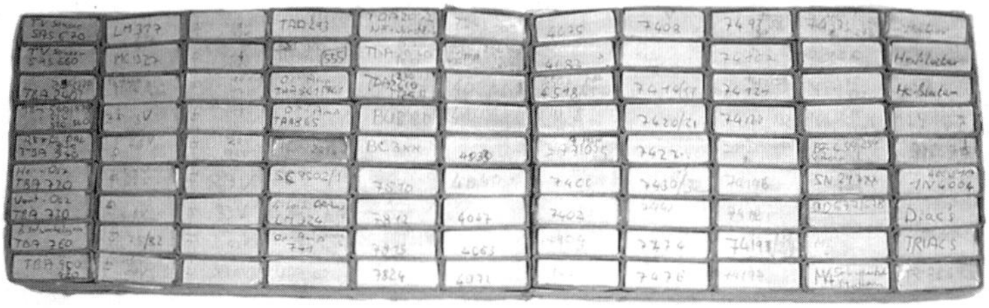

Abb. 1.2: Eines der Streichholzschachtelarchive des Autors, das seit etwa 20 Jahren seinen Dienst tut

1.3 Arbeitsumgebung

Sorgen Sie für eine staubfreie, ruhige und ungestörte Arbeitsumgebung, in der Sie das zu reparierende Gerät gut bewegen, entfalten und beobachten können. Die Arbeitsfläche sollte einfarbig (möglichst weiß), nichtmetallisch und frei von Aderresten, Lötspritzern, Schrauben etc. sein, um ungewollten Kurzschlüssen beim Testbetrieb vorzubeugen. Weiterhin tragen Sie keine Synthetikwäsche oder Schuhe mit Gummisohle, da bestimmte Schaltkreise (C-MOS-Bausteine) im Zusammenhang mit elektrostatischer Aufladung leicht durchschlagen.[1]

1.4 Sicherheitshinweise

Strom ist tückisch – man sieht, hört und riecht ihn nicht, spürt ihn aber – und in manchen Situationen sogar recht kräftig. Zwar hört man immer wieder Schauergeschichten über die tödlichen Gefahren, die in der Steckdose lauern (und das ist auch gut so, denn eine mittelkräftige Portion Angst ist in diesem Zusammenhang eher gesundheitsfördernd), doch ich kann Sie beruhigen, der sofortige Tod tritt im Allgemeinen nicht ein, wenn man sich einen elektrischen Schlag holt. In den meisten Fällen ist bei einem Stromschlag nicht mehr als ein leichtes unangenehmes Kitzeln in den Fingern zu spüren, zuweilen aber auch ein heftiges fremdbestimmtes Zucken im Arm mit nachfolgendem Herzklopfen, Zittern und Schweißausbruch. Letztere Symptome sind eher Anzeichen eines psychischen Schockzustandes, der sich nach einer plötzlichen Adrenalinausschüttung in Folge der Bewusstwerdung des Stromschlags einstellt.

Natürlich gibt es sie, die wirklich ungünstigen Fälle, wie den berühmten entglittenen Fön oder Lockenstab in der Badewanne oder den beherzten Griff mit feuchtem oder nassem Schuhwerk im Keller an einen die volle Netzspannung führenden Metallgegenstand (etwa an eine Waschmaschine mit defektem Heizstab und gebrochenem Schutzleiter). Unfälle dieser Art kennt man aus Presse, Krimis, Film und Fernsehen. Meist handelt das Opfer dann aber grob fahrlässig oder tappt völlig unvorbereitet in eine vom Schicksal vorbereitete Falle. Den geistig und „seelisch" auf die Möglichkeit eines Stromschlags vorbereiteten Hobbyisten schützen normalerweise seine natürlichen Reflexe, die Finger sofort zurückzuziehen, wenn etwas zu spüren ist.

---

[1]   Auch bestimmte Teppichsorten neigen dazu, elektrostatische Aufladung zu begünstigen – in diesem Fall versprühen Sie vor Arbeitsbeginn mit einem Zerstäuber etwas Wasser.

1

Werkzeuge der Elektronik

Geerdete und nicht geerdete Stromkreise

Vom Gefahrenpotenzial her muss zwischen geerdeten und nicht geerdeten Stromkreisen unterschieden werden.

Nicht geerdete Stromkreise, auch *potenzialfreie* Stromkreise genannt, sind wesentlich ungefährlicher als geerdete. Um hier einen Stromschlag zu erhalten, muss man mit beiden Leitern in Kontakt geraten, was unwahrscheinlich ist. Bei den potenzialfreien Stromkreisen unterscheidet man weiter zwischen den *symmetrischen* und den *asymmetrischen* (auf „Masse gelegten") Stromkreisen.

Symmetrische nicht geerdete Stromkreise trifft man in der Praxis seltener an. Beispiele sind: das Telefonnetz der Deutschen Telekom (das in seiner alten, analogen Form eine a/b-Spannung von 60V und eine Klingelspannung bis zu 150 Volt erreicht); Haustelefonanlagen; durch Transformatoren vom Netz getrennte Stromkreise[2] oder durch Stromaggregate oder Wechselrichter gespeiste Inselanlagen.

Auf „Masse gelegte" nicht geerdete Stromkreise, unterscheiden sich vom Prinzip her nicht sehr von geerdeten Stromkreisen. Bei ihnen liegt ein Pol „frei", das heißt auf dem Gehäuse oder auf der Abschirmung und es spielt keine Rolle, ob dieser mit Erde verbunden wird oder nicht. Anlagen dieser Art sind im Allgemeinen als ungefährlich einzustufen, da sie selten mit hohen Spannungen betrieben werden. Ein wichtiges Beispiel für einen auf Masse gelegten Stromkreis ist die elektrische Anlage eines Autos, bei der der Minuspol der Batterie mit dem Rahmen verbunden ist. (Achtung: Sie können sich im Auto sehr wohl kräftige Schläge holen, etwa wenn Sie bei laufendem Betrieb die Zündkerze abziehen.)

Bei *geerdeten Stromkreisen*, wie sie hierzulande von elektrischen Schutzzäunen (Weidezaunanlagen) einmal abgesehen, ausschließlich in Form des von den Elektrizitätswerken kommenden Netzstroms und somit im Hausstromnetz zu finden sind, genügt es bereits, **einen** der beiden Leiter eines Stromkreises – den als *Phase* bezeichneten Leiter – zu berühren, um einen Stromschlag zu erhalten. Das liegt daran, dass der andere Leiter, *Null* genannt, mit der Erde verbunden ist und der Stromkreis also allein dadurch geschlossen wird, dass man irgendwo steht, sitzt oder lehnt. In der Regel ist eine Berührung des Nullleiters (ebenso wie des gleichfalls mit der Erde verbundenen Schutzleiters) somit gefahrlos. (Das ist aber nicht immer so! Der Stromkreis kann beispielsweise einen Defekt haben, sodass der Nullleiter über einen eingeschalteten Verbraucher an Phase liegt. Es gibt aber auch Länder, in denen es üblich ist, dass beide Leiter eines geerdeten Stromkreises jeweils die halbe Gesamtspannung gegenüber der Erde führen.)

---

[2] *Als Niederspannungsanlagen*: Halogenbeleuchtungen, Photovoltaikanlagen, Klingel- und Sprechanlagen, Computersysteme, verschiedene Netzwerke für Computer, Modelleisenbahnen etc; *als Hochspannungssysteme*: Luft-Ionisatoren, Fliegentöter etc.

> *Merke*
>
> *Bevor Sie einen Leiter mit der Hand anfassen (gleich ob Phase oder Null), sollten Sie immer zuerst mit einem Phasenprüfer testen, ob nicht doch Spannung anliegt.*
>
> *Merke*

Unser Hausstromnetz weist ein Spannungspotenzial von 230 Volt gegen Erde auf. Und da Spannungen ab 60 Volt als lebensgefährlich eingestuft werden, birgt das Hausstromnetz echte Gefahr für Leib und Leben. Entscheidend für das Gefahrenpotenzial ist dabei die Leitfähigkeit, die Sie aufweisen, wenn Sie den Stromkreis über Ihren Körper schließen. Hohe Luftfeuchtigkeit, Schwitzen und guter Bodenkontakt sind Garant für einen „saftigen Schlag". Ein Kontakt mit der Phase im 4. Stock eines trockenen Hauses wird dagegen kaum zu spüren sein, wenn Sie Sportschuhe tragen. Verhängnisvoll sind aber Stromunfälle in feuchten Kellern, Badezimmern oder bei gleichzeitigem Kontakt mit Wasserleitungen, Heizungen oder direkt mit dem Nullleiter. Die VDE-Vorschriften verlangen es, dass alle Geräte mit metallischem Gehäuse direkt über den so genannten *Schutzleiter* zusätzlich mit der Erde verbunden sind, so dass jedes eingesteckte Elektrogerät mit Metallgehäuse gewissermaßen den Nullleiter verkörpert – seien Sie sich dessen gewahr. Aus diesen Überlegungen heraus lassen sich wirksame Maßnahmen zur Vorbeugung von Stromunfällen treffen, die der nächste Abschnitt in mehreren Punkten zusammenfasst.

Faktoren für die Stärke von Stromschlägen

Die Stärke und damit die Gefährlichkeit eines Stromschlags bei Berührung von spannungsführenden Leitern hängt von mehreren Faktoren ab:

> *Höhe über dem Erdboden* – je größer die Nähe zur Erde oder zu Wasser bzw. zu geerdeten oder Wasser führenden Einrichtungen, desto gefährlicher wird es. Stromschläge im Keller oder im (meist gefliesten) Bad sind schlimmer als solche in gewöhnlichen Wohnräumen (Teppich, PVC oder Holzboden) und in höheren Stockwerken.

> *Kleidung bzw. Schuhwerk* – das beste ist volle Bekleidung und Schuhwerk mit Gummisohlen. Ledersohlen bieten keinen Schutz. Socken, Barfüßigkeit oder von Kleidung nicht bedeckte Körperpartien erhöhen das Risiko ernsthafter Stromverletzungen um ein Vielfaches.

> *Hautfeuchtigkeit* – Schwielen schützen, Schweiß schadet, blutende Verletzungen, nässende Wunden gefährden.

> *Kontaktfläche* – punktförmige Berührungen spannungsführender Leiter gehen wesentlich glimpflicher ab, als flächige. Der Versuch, ein Spannung führendes Kabel mit einem nicht isolierten Werkzeug durchzuzwicken oder zu schneiden kann tödlich sein,

weil die Hand das Werkzeug umklammert und gegebenenfalls nicht mehr loslassen kann.

> **Merke**
>
> *Die beste Vorbeugung gegen Stromschläge ist eine vernünftige Arbeitskleidung, vernünftiges Werkzeug und die Vermeidung von Feuchtigkeit und Nässe jeglicher Art.*

Vorsichtsmaßnahmen

➤ Arbeiten Sie außer bei Messungen und Tests *grundsätzlich stromlos*. Schrauben Sie, wenn möglich, die entsprechenden Sicherungen heraus und stecken Sie sie in Ihre Tasche, um sich vor einem Wiedereinschrauben durch andere Personen zu schützen – dies gilt vor allem in großen Haushalten und Betrieben. Ist ein Herausschrauben etwa bei modernen Sicherungsautomaten (Leistungsschutzschaltern) nicht möglich, informieren Sie alle Personen von Ihren Arbeiten und bringen Sie eine Notiz im Sicherungskasten an. Ein unerwartetes Zurückkehren der Netzspannung kann für Sie verheerende Folgen haben. (In der Tat ist im schlimmsten Fall ein „Klebenbleiben" am Kontakt aufgrund einer Verkrampfung der Hände möglich.)

➤ Testen Sie alle Leitungen, bevor Sie sie mit der Hand berühren, mit einem Phasenprüfer. Testen Sie auch den Phasenprüfer vor Beginn der Arbeit, er müsste bei Kontakt mit der Phase und Ihrer Hand – am Griffende – ein deutlich sichtbares Leuchten von sich geben. Achten Sie darauf, dass oft mehrere Stromkreise in einem Raum oder einer Verteilerdose existieren.

➤ Bei allen Arbeiten sollten Sie gutes Schuhwerk mit Gummi- oder Plastiksohle tragen. Besondere Vorsicht ist bei nassen Füßen – auch bei Schweißfüßen – geboten. In feuchten Räumen und Kellern empfiehlt sich das Unterlegen einer Gummimatte (notfalls dickere Plastikfolie).

➤ Verwenden Sie nur Werkzeug, das eine intakte und ausreichende Isolierung aufweist. *Keine Schraubenzieher mit Holzgriff!*

➤ Arbeiten Sie in kritischen Momenten möglichst nur mit einer Hand (am besten mit der rechten, da Ihr Herz auf der linken Seite liegt), und vermeiden Sie die gleichzeitige Berührung von Metallen mit Erdverbindung, Wänden und anderen Personen. Haushaltsgummihandschuhe bieten keinen ausreichenden Isolationsschutz, sie sind schnell beschädigt und machen Ihre Hände ungeschickt.

➤ Sichern Sie Ihre Arbeitsstelle gegen Dritte (Kinder, Tiere) und hinterlassen Sie keine Fallen: blanke Adern, unisolierte Stellen und unvollständige Arbeiten.

➤ Arbeiten Sie verantwortungsbewusst, überlegt, ruhig und nicht unter Zeitdruck. Erlegen Sie sich ein absolutes Alkoholverbot auf!

Beachte

> *Arbeiten Sie nach Möglichkeit immer stromlos, handeln Sie verant-wortungsbewusst und sichern Sie Ihre Arbeitsstelle (sowie den Sicherungskasten) gegen Dritte.*

Beachte

Elektronische Geräte sind in mancherlei Hinsicht reparaturfreundlicher als die im ersten Teilband besprochene 230 V-Haushaltselektrik und die im dritten Teilband besprochenen Haushaltsgeräte. Sie werden zwar überwiegend an 230 Volt betrieben, die eigentliche Betriebsspannung liegt aber – herabgesetzt durch ein Netzteil – meist im ungefährlichen Niedervoltbereich (weniger als 60 V), sodass nur wenige Stellen im Gerät wirklich „heiß" sind. Das moderne Schaltungsdesign sieht zudem eine weitgehende Absonderung mit zusätzlicher Isolierung der gefährlichen Netzspannung vor, sodass sich das Risiko bei Messungen und selbst Berührungen am offen betriebenen Gerät in Grenzen hält. Dennoch möchte ich vor Leichtsinn im „Eifer des Gefechts" ausdrücklich warnen und die ausgiebige Messung am ausgesteckten, stromlosen Gerät unbedingt empfehlen.

Erhöhte Vorsicht bei Hochspannung

Völlig anders ist die Sachlage bei Fernsehgeräten, Computermonitoren, Fotokopierern oder Laserdruckern – sie stellen ein erhebliches Risiko für Leib und Leben dar. Neben der absolut lebensgefährlichen bzw. tödlichen Hochspannung von bis zu 25.000 Volt, die beispielsweise für den Betrieb einer Bildröhre unerlässlich ist, finden wir speziell noch bei Uraltmodellen Chassis ohne Potenzialtrennung, bei denen regulär jedes einzelne Bauelement in mehr oder weniger direktem Kontakt mit der Phase steht und das völlig unabhängig von der Polung des Steckers.[3] Was generell für die Reparatur von netzbetriebenen Geräten gilt, nämlich dass laut VDE 0100 ein Testbetrieb (etwa zu Messzwecken) nur über geeignete 230 V/230 V-Trenntransformatoren geschehen darf, gilt für solche Fernsehgeräte in absoluter Verschärfung. Wenn Ihnen kein solcher Trenntransformator zur Verfügung steht, bleibt als einziges Mittel für die Fehleranalyse die Widerstandsmessung am ausgesteckten Gerät.[4] Die Hochspannungsmodule für den Betrieb der Entwicklertrommeln von Fotokopierern und Laserdruckern kommen nicht selten auf Spannungen von über 5.000 Volt und sind gleichfalls keine Spielwiese für Hemdsärmlige.

---

[3] Die Polungsunabhängigkeit ist ein Resultat der Vierweggleichrichtung, die dafür sorgt, dass das Chassis ein effektives Wechselspannungspotenzial von 115 V gegen Erde aufweist.

[4] Selbst nach jahrelangem und nahezu täglichem „Kontakt" hat sich bei mir ein gehöriger – und wie ich glaube, unverzichtbarer – Respekt vor offenen Fernsehgeräten und Monitoren gehalten, und ich ziehe die Messung am stromlosen Gerät allen anderen Messungen vor.

1

Werkzeuge der Elektronik

Wenn's doch passiert ist ...

Unterbrechen Sie sofort Ihre Arbeit für mehrere Stunden, nachdem Sie die Arbeitsstelle ausreichend gesichert haben, denn ein baldiger zweiter Stromschlag kann in der Tat Ihr bereits einmal außer Tritt geratenes Herz schwer in Mitleidenschaft ziehen.

Nach schweren Stromschlägen sollten Sie in jedem Fall einen Arzt konsultieren!

Zusammenfassung der wichtigsten Sicherheitsmaßnahmen

In Ergänzung zu den eingangs genannten Sicherheitshinweisen für die Arbeit mit elektrischen Anlagen und Geräten sowie den Sicherheitsvorschriften für „elektrische Arbeitsstätten", müssen Sie für die Reparatur elektronischer Geräte insbesondere folgende Sicherheitsmaßnahmen einhalten:

➤ Stecken Sie Geräte aus, bevor Sie sie öffnen. (Der meist einpolige Ausschalter am oder im Gerät macht dieses nicht in jedem Fall völlig stromlos.)

➤ Nehmen Sie zuerst eine ausgiebige Sichtkontrolle des Geräts vor und lokalisieren Sie alle Stellen, wo hohe Spannungen zu erwarten sind (Stromzuführung, Netzschalter, Sicherungen, Transformator, Leistungstransistoren etc.).

➤ Hüten Sie sich vor geladenen Kondensatoren. Da Kondensatoren elektrische Ladung speichern, können sie auch noch einige Zeit nach dem Ausstecken des Geräts gefährliche Spannungen aufweisen. Das betrifft im Wesentlichen Siebkondensatoren mit hoher Kapazität in Netzgeräten und – besonders gefährlich – in Schaltnetzteilen.

➤ Messen Sie, so viel es geht, am stromlosen Gerät (nur wenige Fehler entgehen der sorgfältigen Widerstandsmessung).

➤ Wenn eine Messung am laufenden Gerät unvermeidlich erscheint, fixieren Sie die beiden Messleitungen an den richtigen Stellen (meist liegt Minus am Gehäuse) und schalten Sie dann erst das Gerät ein. Beim Messen „aus der Hand heraus" rutscht man leicht ab und verursacht ungewollte Überbrückungen.

➤ Bevor Sie ein Gerät zum Testbetrieb einschalten, vergewissern Sie sich, dass alle Steckverbindungen wieder hergestellt und alle Module eingesteckt sind.

➤ Setzen Sie keine Sicherheitsfunktionen des Geräts außer Kraft (Sicherungen nie überbrücken und immer gegen den richtigen oder einen schwächeren Wert ersetzen). In modernen Geräten übernehmen oft niederohmige Widerstände die Funktion von Überstromsicherungen – der Schaltplan gibt darüber Auskunft. Ersetzen Sie diese nur gegen Originalersatzteile bzw. gegen schwer brennende Metallfilmausführungen mit dem exakten Ohm- und Leistungswert.

➤ Verwenden Sie nur Bauteile, die in Wert und Grenzbelastbarkeit mit den Originaltei-len übereinstimmen. Falsche oder zu schwach dimensionierte Bauteile können zu Bränden oder weiteren Schäden in einem Gerät führen.

➤ Sichern Sie ihren Arbeitsplatz, bevor Sie ihn auch nur vorübergehend verlassen gegen Dritte – speziell Kinder und Haustiere sind gefährdet – und arbeiten Sie grundsätzlich ohne Alkoholeinfluss und Zeitdruck.

Werkzeuge der Elektronik

2 Umgang mit Bauelementen

Die Vielfalt der auf dem Mark befindlichen Bauteile ist groß und Hersteller derselben gibt es nicht wenige. Äußern tut sich das zum einen in einer verwirrenden Fülle an Bauformen und Ausführungen für funktional äquivalente Bauteile und zum anderen natürlich in den verschiedensten Bezeichnungen für den gleichen Typ. Erschwerend kommt hinzu, dass besonders Spezialbauteile sich nur begrenzte Zeit auf dem Markt halten – eben so lange, wie sie guten Absatz finden – und für ältere Geräte oft nur noch bedingt gleichwertige Teile als Äquivalenztypen erhältlich sind.

2.1 Grenzwerte und Polung

Der Umgang mit elektronischen Bauteilen will gelernt sein. Jedes Bauelement ist herstellerseitig auf eine bestimmte Betriebsumgebung ausgelegt, die durch die Spezifikation definiert wird. Die Spezifikation macht Aussagen über das typische Verhalten eines Bauelements und definiert Grenzwerte (zum Beispiel maximale Spannungs-, Strom- und Temperaturbelastbarkeit), innerhalb derer es sicher und verschleißfrei zu betreiben ist. Das Überschreiten dieser Grenzwerte wird über kurz oder lang zur Zerstörung des Bauteils führen.

Anschlussbelegungen

Die meisten Bauelemente sind gepolt, das heißt, Sie müssen peinlich genau auf die richtige Anschlussbelegung der Beinchen achten. Ein versehentliches Verwechseln der Anschlüsse führt in 90 % der Fälle zu einem sofortigen Defekt im Bauelement selbst oder zumindest in der – elektrisch gesehen – näheren Umgebung. Während die Polung von Kondensatoren und Dioden noch relativ eindeutig anhand des Aufdrucks zu ermitteln ist, gibt es speziell bei der Verwendung von Ersatztypen für Transistoren oft Probleme mit einer veränderten Anschlussbelegung oder einer anderen Gehäuseausführung (letztere ist nur wichtig im Zusammenhang mit Kühlblechen).

Häufig ist die Anschlussbelegung eines Bauteils auf der Platine irgendwie aufgedruckt, meine Erfahrung zeigt jedoch, dass auf die Richtigkeit nur zu 95 % Verlass ist. Es ist somit wichtig, sich vor dem Ausbau eines Bauteils die Anschlussbelegung genau anzusehen und evtl. zu notieren, auf jeden Fall aber den Platinenaufdruck mit der vorgefundenen Si-

An

Franzis-Buchverlag
Lektorat

Gruberstr. 46a

85586 Poing

Absender

Name   Vorname

Straße/Haus-Nr.

PLZ/Ort

Beruf   Alter

Telefon (tagsüber)

E-Mail (kein Werbeversand)

☐ **Ja**, bitte schicken Sie mir Ihr
kostenloses Gesamtverzeichnis zu

☐ **Ja**, ich möchte auch ein Franzis-Autor
werden. Bitte nehmen Sie Kontakt mit
mir auf

...rfügung hat – ist dagegen
...ich Abweichungen schal-
...eben, weil viele Geräte in
...nderungen „in letzter Mi-
...altpläne gefunden haben.
...geben die im Fachhandel

...altkreise) zu denken. Die-
...zigtausend Transistoren,
...en, die selbst von versier-
...d. Man wird solche Bau-
...Verdacht auf eine Fehl-
...nur durch die Schaltung

...ler Austausch nur wenige
...verdreht einzubauen. Das
...zwischenzeitlich verdreht

...viel Fingerspitzengefühl
...mische Belastbarkeit von
...„Hopfen und Malz ver-
...auteilen oder das Mehr-
...Mitteln wirksam verun-

...Fassung, denn es ist nicht
...kt wird, wenn die eigent-

Merke *Merke* *Merke*

Ausgebaute bzw. noch nicht eingebaute ICs sollten mit höchster Vorsicht gehandhabt werden, damit die kleinen Beinchen nicht verbiegen oder abbrechen und keine statische Aufladung das sensible Innenleben gefährdet. Der Transport und Verkauf dieser Bauteile erfolgt in antistatischer Verpackung aus speziellem Kunststoff oder aufgesetzt auf leitendem MOS-Gummi.

Merke

Merke

2

Umgang mit Bauelementen

Ersatzteile

Die Ersatzteilbeschaffung ist immer ein schwieriges Kapitel. Universellere Bauteile, wie Widerstände, Kondensatoren und die meisten Dioden und Transistoren, aber auch gängige ICs bereiten keine Schwierigkeiten. Oft wird sogar die Bastelkiste oder eine ausrangierte Platine den Bedarf decken können oder zumindest der Gang zum nächsten Händler für elektronische Bauteile. In vielen Fällen kann man auch zu Universaltypen greifen.

Umständlicher wird es, wenn ein Bauteil nicht gängig oder eine Spezialanfertigung des Geräteherstellers ist. Es scheint mir inzwischen Geschäftspolitik geworden zu sein, Geräte mit Bauteilen auszurüsten, die bewusst vom Einzelhandel ferngehalten werden. Viele ICs (etwa für TV-Geräte oder Videorecorder) werden grundsätzlich nicht mehr einzeln verkauft, sondern nur noch im gesamten Modulaufbau. Der Preis, der dann selten unter 60 € liegt, spricht für sich, wenn man bedenkt, dass die Reparatur auch für unter 5 € erfolgen könnte. Es ist nun mal leider in sämtlichen Kundendiensten und Reparaturbetrieben übliche Praxis geworden, gleich ganze Module oder Chassis auszutauschen, schließlich will man ja auch am Ersatzteil prozentual noch mitverdienen.[5] Die Mühe, mit einem Messgerät auf eine Platine loszugehen und einen kaputten Widerstand für 2 Cent oder eine durchgeschlagene Diode für 5 Cent auszutauschen, macht sich heutzutage keiner mehr – zumindest nicht offiziell ...

Nun ja, damit müssen wir leben und das Beste daraus machen. Ich schlage Ihnen folgenden „Instanzenweg" bei der Beschaffung von Ersatzteilen vor:

➤ Bastelkiste durchforsten oder ausrangiertes Gerät ausschlachten – Bauteil vor Einbau sorgfältig prüfen.

➤ Gängige Bauteile sind im nächsten Elektronik-Laden auf Lager oder gar in der Fundgrube.

➤ Wenn die Möglichkeit besteht, hilft ein Blick ins Internet garantiert weiter. So finden Sie beispielsweise den Conrad-Katalog unter *http://www.conrad.de* und den Bürklin-Katalog unter *http://www.buerklin.de*. Ans Herz legen möchte ich Ihnen weiterhin die Firma Segor-Electronics in Berlin, die ein recht umfassendes Angebot an Halbleitern in ihrem Lieferprogramm hat. Statt der umständlichen Online-Suche bietet diese Firma ihren Katalog (mit aktueller Preisliste) sowie ein einmalig zu installierendes Katalogprogramm mit Bestellmöglichkeit unter *http://www.segor.de* zum Download an. Das ermöglicht das ausgiebige Herumschnuppern.

➤ Einzelhandel für Elektronikbedarf telefonisch abklappern oder Kataloge einsehen.

---

[5] Wenn Sie gute Beziehungen zu einem Fachbetrieb haben, empfiehlt es sich, Bestellungen darüber abzuwickeln. Sie werden sich wundern, wie billig die Ersatzteile (ca. 50%) dann plötzlich sind.

➤ Fachvertretungen sowie Reparaturbetriebe im Internet/Branchenbuch ermitteln und kontaktieren – evtl. Bestellung nach Abklärung des Preises.

➤ Direktbestellung beim Gerätehersteller (oft nur für Fachbetriebe möglich), ist auf alle Fälle mit längeren Bestell-, Liefer- und Versandzeiten verbunden. Auch hier ist ein Blick ins Internet meist Gold wert.

Alle namhaften Gerätehersteller, Fachvertretungen, sowie Händler von elektronischen Bauteilen sind im Allgemeinen mit Ihrem gesamten Lieferprogramm im Internet zu finden. Beim Hersteller selbst (Adresse nach dem Muster http://www.grundig.de bilden) können Sie oft aber nicht mehr als die Struktur seines Kundendienstes sowie maximal die Adressen der Ersatzteilhändler in Ihrer Nähe in Erfahrung bringen.

Eine gute Methode, Ersatzteil-Händler direkt zu finden, ist der Einsatz von Suchmaschinen. So liefert beispielsweise eine Anfrage nach dem Muster "+ersatzteile +sony" in vielen Fällen bereits auf Anhieb die gewünschte Information.

2.2 Richtig ein- und auslöten

Das Löten sollten Sie beherrschen, bevor Sie auf ein elektronisches Gerät losgehen. Falls Sie noch nie gelötet haben, üben Sie das Ein- und Auslöten bitte erst ein wenig an einer ausrangierten Platine – auf diese Weise bekommen Sie zugleich einen kleinen Fundus an elektronischen Bauteilen und das Gefühl für den Umgang mit dem Lötkolben im „Ernstfall". Beachten Sie dabei folgende Regeln:

➤ Heizen Sie den Lötkolben gut vor, verzinnen Sie die zuvor gegebenenfalls gesäuberte Lötspitze und verwenden Sie nur feines Elektroniklot.

➤ Halten Sie die Platine möglichst waagrecht und mit der Lötseite nach oben, damit während des Lötvorgangs kein Lötzinn abtropft oder abperlt und unerwünschte Überbrückungen zu benachbarten Bauteilen oder Leiterbahnen schafft.

➤ Achtung, Platinen (besonders moderne) enthalten mitunter sehr dünne Leiterbahnen. Da diese nur von einer feinen Klebeschicht gehalten werden, kann ein zu langer Lötvorgang (länger als eine Sekunde) bei gleichzeitiger mechanischer Einwirkung die Leiterbahn von der Platine ablösen. Die Platine ist dann zwar nicht unbrauchbar, erfordert aber unschöne Reparaturen durch Überbrückungen, und das Bauteil verliert an Halt.

➤ Auch die Bauteile – vorneweg alle Halbleiter[6], aber auch Kondensatoren und andere Elemente mit Kunststoffgehäuse – vertragen nicht übermäßig viel Hitze, besonders wenn die Anschlussdrähte recht kurz sind. Der Lötvorgang sollte daher grundsätzlich weniger als 2 Sekunden dauern und nicht vor Ablauf von mindestens 10 Sekunden wiederholt werden.

Anlöten und Zusammenlöten

Das Anlöten und Zusammenlöten von Adern, Kontakten oder Anschlussdrähten gehört zu den Routineaufgaben des Elektronikers. So ist es beispielsweise für die Prüfung eines ein-gelöteten Bauelements gängige Praxis, ein oder mehrere Beinchen kurzerhand abzuknip-sen, um die galvanische Trennung von der restlichen Schaltung für die Widerstandsmes-sung zu erreichen. Ist das Bauteil intakt, wird der Anschlussdraht ohne großen Auswand schnell wieder zusammengelötet. (Wenn Sie diese Technik anwenden, knipsen Sie den längeren Anschlussdraht ab, und zwar möglichst in der Mitte. Für Bauteile, die recht heiß werden, beispielsweise für Leistungswiderstände, ist diese Technik allerdings nicht geeig-net, da die Lötstelle schnell korrodiert.)

Um einen Draht an einem Lötauge anzulöten, gehen Sie folgendermaßen vor:

1. Machen Sie das Ende des Drahts blank, wenn es Oxidationen (Verfärbungen ins Schwarze oder Grüne) zeigt.

2. Halten Sie den Draht mit einer Zange 1 bis 2 cm von der zu lötenden Stelle entfernt. Ist die Zange zu nah, führt sie die Wärme des Lötkolbens zu schnell ab.

3. Verzinnen Sie den Draht vor, indem Sie ihn mit dem Lötkolben erhitzen und dann sparsam Lötzinn zugeben.

4. Erhitzen Sie das Lötauge, bis das Lötzinn darin flüssig ist (bzw. verzinnen Sie das Lötauge unter reichlicher Zugabe von Lötzinn, falls es noch nicht vorverzinnt ist).

5. Drücken Sie das verzinnte Ende des Drahts in das Lötbett. Das Lötzinn muss freiwillig an den Draht gehen, darf diesen also nicht „meiden".

6. Nehmen Sie den Lötkolben weg und warten Sie ein paar Sekunden, bis das Lötzinn erstarrt ist, ohne den Draht zu bewegen. (Bewegen führt zu „kalten Lötstellen", die keinen beständigen Kontakt gewährleisten.)

Um zwei Drähte zusammenzulöten, gehen Sie wie folgt vor:

1. Säubern Sie die Enden beider Drähte und verzinnen Sie sie nach Möglichkeit vor (nicht unbedingt erforderlich, wenn die Drähte sauber sind).

---

[6] Dioden, Transistoren, ICs etc.

2. Fixieren Sie die Drähte aneinander, beispielsweise durch Zusammenzwirbeln oder einfach nur durch geeignete Klemmung.

3. Erhitzen Sie beide Drähte am Stoß unter sparsamer Zugabe von Lötzinn. (Wenn Sie zu viel Lötzinn zugeben, kommt es zur Tropfenbildung.)

5 Warten Sie mehrere Sekunden (auf alle Fälle um Einiges länger als beim Anlöten an ein Lötauge), bevor Sie die verlöteten Drähte bewegen – das Erstarren dauert beim Zusammenlöten von Drähten wesentlich länger.

Einlöten

Das Einlöten in eine Platine ist erheblich einfacher als das Auslöten. Sie sollten Ihre ersten Erfahrungen daher mit dem Einlöten oder Anlöten von Bauteilen machen, bevor Sie sich anschicken, welche auszulöten. Zum Einlöten gehen Sie folgendermaßen vor:

1. Damit Sie die Beinchen des Bauteils in die Bohrungen einführen können, müssen Sie die Lötstützpunkte unter Umständen von überflüssigem Lötzinn befreien – am besten mit Hilfe einer Entlötpumpe und des Lötkolbens (notfalls das Bauelement erst beim Erhitzen der Lötstellen richtig positionieren).

2. Überprüfen Sie noch einmal, ob die Anschlussbelegung wirklich stimmt.

3. Achten Sie auf einen geraden, freien Sitz des Bauelements in richtiger Höhe. Zu lange Beinchen knipsen Sie ab. Nachdem *alle* Beinchen in die jeweiligen Bohrungen eingeführt sind, biegen Sie sie ein wenig auseinander (nicht zu sehr), damit das Bauteil fixiert ist und nicht mehr herausfallen kann. Jetzt können Sie durch kurze Lötvorgänge (ca. 1 bis 2 Sekunden) unter Zugabe von etwas frischem Lötzinn den elektrischen Kontakt herstellen. Achten Sie darauf, dass das Lötzinn gleichmäßig fließt, und bewegen Sie das Bauteil während des Erkaltens (2 bis 5 Sekunden) unter keinen Umständen.

➤ Eine saubere Lötstelle erkennen Sie an einer gleichmäßig konvex/konkaven Form (vgl. Abbildung 2.1). Sie sollte glänzen und nicht zu massiv sein.

➤ Bei mechanisch schwingenden Bauteilen, darunter fallen vor allem Spulen und Transformatoren, sollten Sie nicht mit Lötzinn sparen, da diese gerne ihr Lötbett sprengen und dann aufgrund feiner Risse Kontaktschwierigkeiten bekommen.

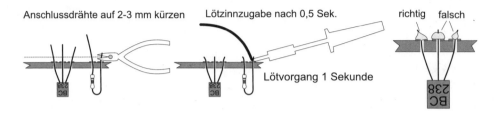

Anschlussdrähte auf 2-3 mm kürzen   Lötzinnzugabe nach 0,5 Sek.   richtig   falsch

Lötvorgang 1 Sekunde

Abb. 2.1: Lötvorgang

> *Wenn Sie versehentlich zwei nebeneinander liegende Lötstellen kontaktiert haben, die eigentlich keine Verbindung aufweisen dürfen, löst sich das Problem meist, wenn Sie – nach 20 Sekunden Wartezeit bis zum Erkalten der Lötstelle – das größere der beiden Lötaugen noch einmal ein bis zwei Sekunden erhitzen. Die unerwünschte Lötverbindung trennt sich dann automatisch aufgrund der Oberflächenspannung des Lötzinns. Notfalls können Sie auch die Entlötpumpe ansetzen und den Lötvorgang wiederholen.*

Auslöten

Diskrete Bauelemente (bis vier Beinchen) können Sie notfalls auch ohne Verwendung der Entlötpumpe auslöten:

1. Erhitzen Sie das Lötauge oder den Lötstützpunkt eines Anschlusses ca. 0,5 Sekunden.

2. Kippen Sie nach Verflüssigung des Lötzinns das Bauelement mit ein wenig Druck, oder ziehen Sie daran, evtl. mit Hilfe einer kleinen Zange, bis sich der Anschlussdraht aus der Bohrung zurückzieht.

3. Fahren Sie so reihum fort, bis alle Beinchen frei sind.

Alternativ können Sie auch versuchen, alle Beinchen in schneller Folge zu erwärmen und das Bauteil dann herauszuziehen. Um das Bauteil, aber auch den Lötstützpunkt nicht zu zerstören, sollten Sie nicht fest ziehen.

Besser ist natürlich die Verwendung einer Entlötpumpe. Sie eignet sich für das Auslöten aller Bauteile – insbesondere für ICs – und da sie alles überflüssige Lötzinn absaugt, bereitet sie die Lötstelle gleichzeitig für den sofortigen Wiedereinbau vor. Die mechanische Belastung des Bauteils entfällt, die thermische hält sich in Grenzen – beides eine wichtige Voraussetzung für die weitere Verwendung, sofern die Überprüfung keinen Defekt ergibt.

Abb. 2.2: Entlötpumpe und feines Elektroniklot

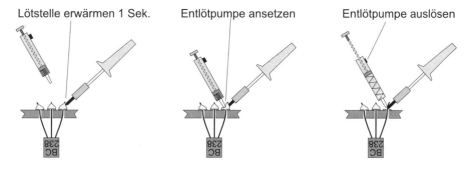

Lötstelle erwärmen 1 Sek.   Entlötpumpe ansetzen   Entlötpumpe auslösen

Abb. 2.3: Auslöten eines Bauteils

Um ein Bauteil mit der Entlötpumpe auszulöten, gehen Sie wie folgt vor:

1. Fixieren Sie die Platine ein wenig, da Sie beide Hände für den Lötvorgang benötigen.

2. Spannen Sie die Feder der Entlötpumpe und nehmen Sie sie schussfertig in die eine Hand.

3. Mit der anderen Hand führen Sie den Lötkolben ca. 0,5 Sekunden an die Lötstelle.

4. Sofort, wenn sich das Zinn verflüssigt hat, setzen Sie das Saugrohr der Entlötpumpe an und „Schwupp". Gleichzeitig nehmen Sie die Lötspitze wieder weg.

5. Wenn das „Timing" richtig war, werden Anschlussdraht und Lötstützpunkt nur noch eine dünne Zinnhaut tragen. Falls diese das Beinchen noch festhält, kann sie durch leichten seitlichen Druck mit einer kleinen Zange, einem Schraubenzieher oder dem Fingernagel vorsichtig zerrissen werden.

Notfalls wiederholen Sie den Vorgang. Vergessen Sie nicht, die Pumpe von Zeit zu Zeit zu reinigen und spannen Sie sie nicht über der Platine, weil dabei Lötzinnreste herausfallen.

Schwierig kann das Auslöten an Platinen werden, die zweiseitig oder in Sandwich-Technik kontaktiert sind. Sie müssen in diesem Fall darauf achten, dass die Entlötpumpe alles Lötzinn aus der Bohrung saugen kann – evtl. warten Sie eine halbe Sekunde länger, bevor Sie absaugen, damit sichergestellt ist, dass das gesamte Lötbett gut flüssig ist, und nehmen den Lötkolben weg, bevor Sie die die Entlötpumpe ansetzen.

Für ultramoderne in SMD-Technik aufgebaute Platinen (Oberflächenmontage) sind spezielle Feinlötkolben und viel Übung im Auslöten herkömmlicher Bauteile erforderlich, um größere Verwüstungen zu vermeiden. Hilfreich aber auch gewöhnungsbedürftig ist hier eine fest montierte Lupe, wie Sie den Arbeitsplatz eines Goldschmieds oder Uhrmachers schmückt. Häufig genug zeigt einem die Miniaturisierung aber trotzdem die rote Karte, zumal, wenn man nach aufwändigem Freilöten eines SMD-Bauteils feststellt, dass dieses zusätzlich noch auf die Platine geklebt wurde.

Sauberes Auslöten ohne Entlötpumpe

Meine Erfahrung zeigt, dass die im Handel speziell für das Auslöten von SMD-Bauteilen angebotene Entlötlitze keine große Hilfe beim Auslöten ist – im Gegenteil, diese Technik produziert schnell ein Schlachtfeld, das man mit dem Lötkolben säuberlich nachputzen muss, um keine unerwünschten Überbrückungen zu hinterlassen.

Ich möchte es aber nicht versäumen, Ihnen eine Technik vorzustellen, die ich seit Jahren erfolgreich praktiziere und die zuweilen sogar bessere Ergebnisse liefert als der Einsatz der Entlötpumpe. Sie nutzt schlicht die Masseträgheit des flüssigen Lötzinns.

1. Um die Technik anwenden zu können, müssen Sie die Platine frei bewegen können. Auch sollte sie keine überschweren Bauteile wie Transformatoren tragen.

2. Verflüssigen Sie die Lötstelle mit dem Lötkolben.

3. Sobald Sie den Lötkolben von der Lötstelle genommen haben, schlagen Sie – ohne viel Zeit zu verlieren – die Platine mit der Lötseite nach unten auf ein weiches Polster, beispielsweise ein Stück Stoff mit einer Kuhle für das Lötzinn, ein Stück Weichholz oder Gummi. Hierbei ist natürlich viel Gefühl angesagt, damit die Platine nicht bricht, oder irgendwelche Bauteile darauf Schaden nehmen.

4. Interessanterweise ist die Technik umso erfolgreicher, je größer der flüssige Lötzinntropfen ist. Falls es beim ersten Mal nicht klappt und noch zuviel Lötzinn an der Lötstelle verblieben ist, ist es oft hilfreich, die Lötstelle vor Wiederholung des Verfahrens noch einmal „üppig" nachzulöten.

2.3 Richtig messen

Das Vielfachmessgerät ist Ihr stärkstes Instrument bei der Fehlersuche – neben einem wachen Geist, versteht sich.

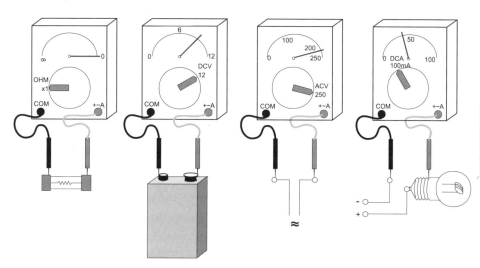

Abb. 2.4: Die verschiedenen Arten der Messung – *von links nach rechts:* Widerstandsmessung, Gleichspannungsmessung, Wechselspannungsmessung, Strommessung

Energiespartipp

Gewöhnen Sie sich an, das Messgerät nach jeder Messung auszuschalten. Analoge Messgeräte schalten Sie aus, indem Sie einen Spannungsmessbereich einstellen (aus Sicherheitsgründen den maximalen). Bleibt der Widerstandsmessbereich eingeschaltet, ist die Batterie gefährdet, da die Messspitzen oft aneinander kommen.

Für länger andauernde Spannungs- oder Strommessungen verwenden Sie am besten ein analoges Messgerät, da dieses Messwerte anzeigt, ohne dafür Batteriestrom zu verbrauchen.

Widerstandsmessung

95% der Messvorgänge werden im Widerstandsmessbereich am stromlosen Gerät durchgeführt (vgl. Abbildung 2.4 links). Abgesehen von Spulen mit Feinschlüssen, Defekten in ICs und thermischen Problemen kann die sorgfältige und aufmerksame Widerstandsmessung fast jeden Fehler zu Tage fördern.

Natürlich gleicht die ungezielte Widerstandsmessung einer „Suche nach der Stecknadel im Heuhaufen". Zunächst wird man daher unter Berücksichtigung des Fehlerbilds und des modularen Schaltungsaufbaus versuchen, die defekte Stufe analytisch zu ermitteln. Einer ausgiebigen Sichtkontrolle folgt dann das Ausmessen der Bauteile (zum Messbild vgl. die Abschnitte 3.1 „Passive Bauelemente" und 3.2 „Aktive Bauelemente (Halbleiter) und zwar nach folgender Priorität:

1. Sicherungen, Thermosicherungen, Anschlusskabel
2. verdächtige oder verfärbte Leiterbahnen, Lötaugen und Widerstände
3. Schalter, Schaltleisten, Taster, Steckkontakte
4. Dioden
5. Transistoren
6. Widerstände größerer Leistung
7. Spulen und Wicklungen (Transformatoren)
8. Kondensatoren
9. ICs

Die Messung der Bauteile geschieht *zunächst im unausgebauten Zustand* und direkt an den Anschlussdrähten bzw. an den Lötaugen der Platine. Achten Sie dabei auf einen guten Kontakt der Messspitzen. Die Widerstandsmessung weist mit relativ großer Sicherheit folgende Defekte nach:

➤ unterbrochene Leiterbahnen und Sicherungen, kalte Lötstellen und schwache Kontakte (zu 100%, wenn der Messwert größer als etwa 5 Ω ist)

➤ Dioden, Gleichrichter und Transistoren mit Unterbrechung (zu 100%, wenn der Messwert stark zur hochohmigen Seite hin vom typischen Messbild abweicht) oder teilweisem Kurzschluss (ca. 60% wenn der Messwert stark zur niederohmigen Seite hin vom typischen Messbild abweicht – ein Defekt ist umso wahrscheinlicher, je mehr der Messwert gegen 0 Ω geht)

➤ durchgebrannte Widerstände (zu 100%, wenn der Messwert mehr als 20% vom erwarteten Wert zur hochohmigen Seite hin abweicht)

➤ unterbrochene Wicklungen (zu 100%, wenn der Messwert hochohmig ist) – Wicklungen mit Feinschluss fallen dagegen normalerweise nicht auf, es sei denn, sie erscheinen allzu niederohmig (der Messwert ist aber unzuverlässig)

➤ durchgeschlagene Kondensatoren (zu 100%, wenn der Messwert gegen 0 Ω geht – niederohmige Messergebnisse in beiden Polungen werden meist verfälscht sein, können aber auf einen hohen Leckstrom mit teilweisem Kapazitätsverlust hinweisen)

➤ Kondensatoren mit totalem Kapazitätsverlust (100%, wenn die Messung ein sehr hochohmiges Ergebnis liefert und der typische kurze Zeigerausschlag fehlt) – niederohmige Messwerte sind wahrscheinlich verfälscht.

➤ Kondensatoren mit teilweisem Kapazitätsverlust durch Vergleichsmessung mit Referenzkapazität (ca. 80%, wenn Zeigerausschlag deutlich niedriger)

➤ Das Diagnostizieren von Integrierten Schaltungen ist generell schwierig und sicher nur mit einem Oszilloskop bei vorgegebenem Impulsdiagramm möglich. Auch Wärmedefekte und Ursachen für Spannungsüberschläge können Sie mit der Widerstandsmessung schwerlich nachweisen – das Fehlerbild weist aber im Allgemeinen direkt auf solche Ursachen hin (zur Fehlersuchmethodik vgl. Abschnitt 5.1 „Methodische Fehlersuche").

Diese Methode liefert zwar keine „sauberen" Messergebnisse, weil Parallelwiderstände im Schaltungsaufbau (meist parallel liegende Wicklungen) für Verfälschungen in Richtung Niederohmigkeit sorgen können, doch sie scheidet zumindest die sich regulär verhaltenden Bauteile aus. Übrig bleiben wenige Bauelemente (ca. 2 bis 5%), die ein auffälliges Messbild zeigen und für eine saubere Messung vollständig oder teilweise ausgelötet werden müssen. Fallweise können Sie bei Bauelementen, die nicht heiß werden, für die Messung auch einfach einen Anschlussdraht durchknipsen und ihn danach wieder zusammenlöten.

Spannungsmessung

Seltener wird man versuchen, am laufenden Gerät eine Gleichspannung nachzuweisen, die über den Nachweis von Versorgungsspannungen (dann evtl. auch Wechselspannung) oder eines „schwebenden Nullpotenzials" hinausgeht (vgl. Abbildung 2.4 mitte) – es sei denn, ein vorliegender Schaltplan gibt detaillierte Auskunft über die an bestimmten Punkten zu erwartenden Spannungspotenziale. Bei der Messung am laufenden Gerät müssen Sie in erster Linie die Sicherheitsvorschriften beachten (vgl. Abschnitt 1.4) und Kurzschlüsse auf jeden Fall vermeiden. Gemessen wird normalerweise das Spannungspotenzial eines Punkts der Schaltung gegen den Bezugspunkt *Masse*. Die Masse ist immer das als neutral definierte Potenzial (0 Volt) einer Schaltung. Wie der Name schon suggeriert, sind alle metallischen Befestigungen und Gehäuseteile eines Geräts mit Masse verbunden.[7] Bei Geräten mit ungesplitteter Stromversorgung – hierzu zählen auch Geräte, die mit mehreren positiven Versorgungsspannungen arbeiten – ist die Masse so gut wie immer mit dem Minuspol verbunden. Bei Geräten mit gesplitteter Versorgungsspannung – dazu zählen die meisten Verstärker mit höherer Leistung – liegt die Masse in der Mitte zwischen Plus und Minus (mehr dazu lesen Sie in Abschnitt 4.2 „Netzteile").

Strommessung

Eine Strommessung ist im Zusammenhang mit Reparaturen eigentlich nur höchst selten erforderlich. Sie erfordert einen Eingriff in die Schaltung, da das Messgerät in Reihe mit dem· zu messenden Stromzweig betrieben werden muss (vgl. Abbildung 2.4 rechts). Grundsätzlich lässt sich mit diesem Verfahren aber z.B. der Leistungsbedarf eines Moduls ermitteln oder der Ruhestrom eines Verstärkers messen, wenn der Verdacht auf eine Verschiebung des Arbeitspunkts (etwa wegen übermäßiger Erhitzung von intakten Bauteilen) besteht. Halten Sie bei solchen Messungen unbedingt die Sicherheitsvorkehrungen ein (vgl. Abschnitt 1.4) und passen Sie auf, dass die Messanordnung nicht unterbrochen wird, während das Gerät läuft – schlimmere Defekte könnten die Folge sein.

---

[7]   Die Masse eines elektronischen Geräts darf nicht mit dem Erdpotenzial (Schutzleiteranschluss) verwechselt werden. Obwohl die Potenziale häufig – und sinnvollerweise – übereinstimmen, trifft man genauso oft schwebende Massen an, z.B. wenn das Gerät über einen zweipoligen Eurostecker betrieben wird. Bei manchen Geräten findet man auch eine Trennung zwischen Signalmasse und Gehäusemasse, um Brummschleifen durch Mehrfacherdung zu vermeiden.

3 Kleine Bauteilkunde

In den folgenden Abschnitten finden Sie – begleitet von Praxistipps – eine knapp gehaltene Einführung über das Wesen und Verhalten der Bauteilgattungen, die in elektronischen Geräten am häufigsten zu finden sind. Dem Literaturverzeichnis im Anhang entnehmen Sie umfassendere Einführungen.

3.1 Passive Bauelemente

Zu den passiven Bauelementen rechnet man traditionell alle elektrischen und elektronischen Komponenten, die nichts mit Halbleitern zu tun haben. Diese Unterscheidung mag nicht sonderlich einleuchtend sein, denn ob nun ein Kondensator passiver ist als eine Diode, eine LED aktiver als eine Glüh- oder Glimmlampe oder ob ein Relais zu den aktiven oder passiven Bauelementen zu rechnen ist, dürfte wohl eher akademischer Natur sein. Das Bauteil hat keine andere Wahl, als sich seiner Physik zu ergeben.

Und die Frage, wozu nun die guten alten Röhren zählen, erübrigt sich aus anderen Gründen: Außer der „noch" verbreiteten Bildröhre in Fernsehgeräten und Monitoren, findet man Röhren eigentlich nur noch als Kultträger in den Hi-End-Verstärkern nostalgisch veranlagter Hifi-Enthusiasten.[8]

Widerstand

Widerstände setzen elektrische Energie ausschließlich in Wärme um. Sie werden in Ohm (Ω) gemessen und unterliegen sowohl im Wechsel- als auch im Gleichstrombetrieb dem Ohmschen Gesetz, das den Zusammenhang zwischen dem Strom I, der Spannung U und dem Widerstand R beschreibt:

---

[8] Ich persönlich habe da nie einen Unterschied heraushören können, zumindest nicht einen solchen, der Investionen im Bereich von mehreren Tausend €uro für die Ausstattung, die Netzfilterung und das sanfte Hochfahren der Spannung per Spartrafo beim Einschalten rechtfertigen würde. Kult bleibt aber nun mal Kult.

Abbildung 3.1: Elektronikbauteile *in Lesrichtung* Widerstände, Trimmwiderstände, Potentiometer, Fotowiderstand, PTC-Kombination für Bildröhren-Entmagnetisierungs-Schaltungen, Relais, Kondensatoren, Dioden, Transistoren, Triacs und Thyristoren, Integrierte Schaltkreise.

$$R = \frac{U}{I}$$

Ferner gelten für die Leistung P die Zusammenhänge

$$P = U \cdot I = I^2 \cdot R = \frac{U^2}{R}$$

In elektronischen Schaltungen spielt der Widerstand eine sehr wichtige Rolle. Die typischen Funktionen des Widerstandes sind:

➤ Strombegrenzer (Serienwiderstand für die Leistungsbegrenzung und Spannungsherabsetzung)

➤ Spannungsteiler (Lautstärkeregelung, Arbeitspunkteinstellung von Transistoren)

➤ Arbeitswiderstand (z.B. in Serie mit der Kollektor-Emitter-Strecke eines Transistors im A-Betrieb)

➤ Ladeverzögerer für Kondensatoren (Zeitglieder, vornehmlich aber in Frequenzfiltern als Teil eines RC-Gliedes, vgl. Abschnitt „Kondensator" auf Seite 58).

Da es sich bei einem Widerstand um ein passives Bauteil handelt, das selbst also keine Schaltfunktion übernimmt, laufen all diese Anwendungsbereiche auf das gleiche Prinzip hinaus. Sehen wir uns z.B. einen Vorwiderstand an, der es erlaubt, eine 6 V-Glühlampe mit 6 Watt an 12 Volt zu betreiben. Die Spezifikation der Glühlampe gibt uns vor, dass sie für den Betrieb in normaler Helligkeit einen Stromfluss von 1 A benötigt und der Stromquelle einen Widerstand von 6 Ω entgegensetzt. Würde man sie direkt an 12 Volt betreiben, wäre ein Stromfluss von 2 A und eine theoretische Leistung von 24 Watt die Folge – was sie sicher sofort zerstören würde. Der Vorwiderstand ist dafür da, den Stromfluss auf 1 A einzustellen (Strombegrenzung), was wiederum einem Spannungsabfall von 6 Volt am Widerstand und 6 Volt an der Lampe gleichkommt (Spannungsteilung). Sein Wert muss 6 Ω betragen, damit sich ein Gesamtwiderstand der Schaltung von 12 Ω ergibt. Die Stromquelle muss dagegen eine Leistung von 12 Watt bereitstellen: 6 Watt setzt der Widerstand als Arbeitswiderstand in Verlustleistung (sprich: Wärme) um – er muss also mindestens eine Dauerleistung von 6 Watt aushalten können – und 6 Watt bleiben für die Lampe. Rechnen Sie doch einfach nach! Abbildung 3.2 zeigt das Schaltbild und die elektrischen Größen.

Verlustleistung und Widerstandswert

Widerstände sind im Allgemeinen frequenzneutral und erzeugen keine Verschiebung zwischen Strom und Spannung (gilt in Hochfrequenzschaltungen nur bedingt). Die charakteristischen Kennzeichen sind die in Watt angegebene *Verlustleistung* sowie der in Ohm (Ω) angegebene *Widerstandswert*.

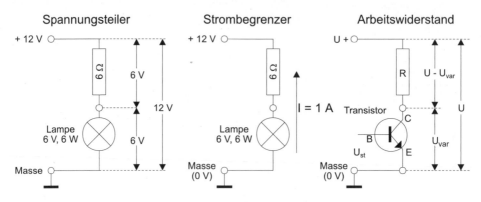

Abb. 3.2: Widerstand als Spannungsteiler, Strombegrenzer und Arbeitswiderstand

Die *Verlustleistung* wird per Konvektion und Strahlung als Wärme an die Umgebung abgegeben. Da bei Widerständen kleinerer Leistung keine Leistungsangaben aufgedruckt sind, muss die Leistungsbestimmung theoretisch (etwa laut Schaltplan) erfolgen. Meist tut es auch ein rein visueller Baugrößenvergleich mit Widerständen bekannter Leistung. Ist die Verlustleistung eines Widerstands bei gegebenem Strom zu gering, wird er übermäßig heiß, bis er schließlich durchbrennt oder sich aus seinem Lötbett löst.

Dampftest

Eine empirische Aussage, inwieweit die zulässige Verlustleistung eines Widerstands überschritten ist, liefert der Dampftest. Betreiben Sie das Gerät bis es seine Arbeitstemperatur erreicht hat. Schalten Sie das Gerät aus und tippen Sie den Widerstand einem angefeuchteten Wattestäbchen an. Wenn es stark dampft oder gar zischt, ist die Leistungsgrenze des Widerstands in der Regel überschritten. Die Ursache ist dann natürlich im Schaltungsumfeld zu suchen.

Widerstände höherer Leistung werden auch im Normalbetrieb recht heiß (ca. 80°C) und neigen dazu, ihre Lötstellen „erkalten" zu lassen. Manchmal findet man in Geräten Leistungswiderstände, die mit einer Rücklötsicherung als Überlastschutz ausgestattet sind. Der Rücklötvorgang sollte ohne Zugabe zusätzlichen Lötzinns erfolgen (die Schmelztemperatur des Zinns sollte möglichst gleich bleiben), nachdem die Ursache der Überlastung – meist eine defekte Endstufe – beseitigt ist.

Der *Widerstandswert* ist entweder im Klartext oder als Farbringcode auf den Widerstandskörper aufgedruckt. Eine Aufschlüsselung des Codes finden Sie in den folgenden beiden Abschnitten. Zur messtechnischen Bestimmung des Widerstandswerts verwenden Sie ein zuvor per Kurzschluss der Messspitzen auf 0 justiertes Ohmmeter bzw. Vielfachmessgerät (vgl. Abschnitt „Widerstandsmessung" auf Seite 38).

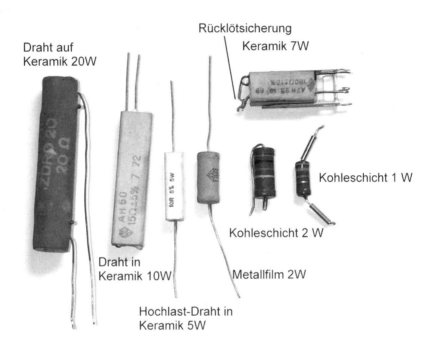

Abb. 3.1: Verschiedene Widerstände

Die *Messung* geschieht im Ohmbereich und müsste dasselbe Ergebnis liefern wie die Aufschrift. Für den einfachen Funktionstest reicht es, wenn das Messgerät irgendwie ausschlägt, denn eine Veränderung des Widerstandswerts kommt bei Widerständen eigentlich nie vor – und wenn doch, dann weisen sichtbare Verbrennungen oder Verfärbungen deutlich darauf hin.

Ein häufiges Problem beim Austausch defekt gewordener Widerstände ist allerdings die Feststellung seines Werts. So tragen nur Widerstände größerer Leistung (typisch ab 2 Watt) eine Aufschrift, die aber unleserlich geworden sein kann – der Praxistipp auf Seite 52 zeigt, wie sich der Wert mit etwas Geschick dennoch ermitteln lässt. Die Werte von

Widerständen bis 2 Watt sind dagegen mehrheitlich durch Farbringe (selten auch Farbpunkte) kodiert, die eine Übersetzung erforderlich machen. Kennt man den Kode, lüftet sich das Geheimnis schnell. Widerstände mit größerer Herstellungstoleranz (5 – 20%) weisen drei oder vier Farbringe auf, Qualitätswiderstände mit geringerer Toleranz gleich fünf. Dabei geben die ersten drei (bzw. vier) Aufschluss über den Widerstandswert und der vierte bzw. fünfte, falls vorhanden, über die Genauigkeit des Werts (vgl. Abbildung 3.2). Die Lesrichtung wird eindeutig, wenn man weiß, dass der vierte Ring in den meisten Fällen gold oder silber ist und bei fünf Ringen der letzte etwas abgesetzt ist und nur braun oder rot sein kann (beachten Sie auch den Tipp). Die folgenden Formeln zeigen, wie Sie den Widerstand errechnen. Die Farbzuordnung für die einzelnen Stellen entnehmen Sie Tabelle 3.1.

4-Ring-Kodierung

Der Wert eines gewöhnlichen Widerstands bis 2 Watt wird durch drei oder vier Farbringe kodiert. Die ersten beiden Ringe liefern die Dezimalstellen, der dritte die Zehnerpotenz und der vierte die Toleranz:

$$\text{Widerstand} = (10 \cdot 1. \text{ Ring} + 2. \text{ Ring}) \cdot 3. \text{ Ring}$$
$$\text{Toleranz} = 4. \text{ Ring (wenn fehlt, 20\%)}$$

Tab. 3.1: Farbzuordnung bei 4-Ring-Kodierung eines Widerstands

Farbe	1. Ring (1.Stelle)	2. Ring (2. Stelle)	3. Ring (Faktor, 10^n)	4. Ring (Toleranz)
Schwarz	–	0	1 Ω	–
Braun	1	1	10 Ω	–
rot	2	2	100 Ω	–
orange	3	3	1 kΩ	–
gelb	4	4	10 kΩ	–
grün	5	5	100 kΩ	–
blau	6	6	1 kΩ	–
violett	7	7	10 kΩ	–
grau	8	8	–	–
weiss	9	9	–	–
silber	–	–	0,01 Ω	10 %
gold	–	–	0,1 Ω	5 %
(fehlt)	–	–	–	20 %

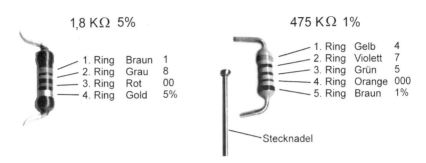

1,8 KΩ 5%

1. Ring	Braun	1
2. Ring	Grau	8
3. Ring	Rot	00
4. Ring	Gold	5%

475 KΩ 1%

1. Ring	Gelb	4
2. Ring	Violett	7
3. Ring	Grün	5
4. Ring	Orange	000
5. Ring	Braun	1%

Stecknadel

Abb. 3.2: Farbringkodierte Widerstände – *links* 4 Ringe; *rechts* fünf Ringe

5-Ring-Kodierung

Widerstände mit 5-Ring-Kodierung sind Präzisionswiderstände, die man eigentlich nur in Messaufbauten (Messgeräten) antrifft. Die ersten drei Ringe liefern die Dezimalstellen, der vierte die Zehnerpotenz und der fünfte die Toleranz:

Widerstand = (100 · 1. Ring + 10 · 2. Ring + 3. Ring) · 4. Ring
Toleranz = 5. Ring (immer vorhanden)

Tab. 3.2: Farbzuordnung bei 5-Ring-Kodierung eines Widerstands

Farbe	1. Ring (1. Dezimalstelle)	2. Ring (2. Dezimalstelle)	3. Ring (3. Dezimalstelle)	4. Ring (Faktor, 10^n)	5. Ring (Toleranz)
schwarz	–	0	0	1 Ω	
braun	1	1	1	10 Ω	1 %
rot	2	2	2	100 Ω	2 %
orange	3	3	3	1 kΩ	–
gelb	4	4	4	10 kΩ	–
grün	5	5	5	100 kΩ	–
blau	6	6	6	1 kΩ	–
violett	7	7	7	10 kΩ	–
grau	8	8	8	–	–
weiss	9	9	9	–	–
Silber	–	–	–	0,01 Ω	–
Gold	–	–	–	0,1 Ω	–

Kleine Bauteilkunde

3

47

Beispiele

1. Sie haben einen Widerstand mit vier Farbringen vor sich und lesen die Farben *Rot-Rot-Gelb-Silber*. Der Code ergibt den Wert:

$$(10 \cdot 2 + 2) \cdot 10 \ k\Omega = 220 \ k\Omega \text{ bei 10\% Toleranz.}$$

2. Sie haben einen Widerstand mit 5-Ring-Kodierung vor sich und lesen die Farben *Braun-Schwarz-Schwarz-Gold-Rot*. Die Dekodierung ergibt:

$$(100 \cdot 1 + 10 \cdot 0 + 0) \cdot 0,1 \ \Omega = 10 \ \Omega \text{ bei 2\% Toleranz.}$$

Tipp

Wenn die Farbe eines Rings mal nicht eindeutig lesbar ist

Gerade die Farben Rot, Braun und Orange aber auch Schwarz und Braun lassen sich häufig schwer unterscheiden. Weiß man, dass farbkodierte Widerstände einer so genannten Widerstandsreihe *entstammen, lassen sich Mehrdeutigkeiten ausräumen. Die möglichen Werte (ohne Faktor) für die 4-Ringkodierung sind:*

10, 12, 15, 18, 22, 27, 33, 39, 47, 56, 68, 82

Bei der 5-Ring-Kodierung gibt es zusätzlich die Werte

11, 13, 16, 20, 24, 30, 36, 43, 51, 62, 75, 91

(Bei Präzisionswiderständen findet man auch noch Zwischenwerte.)

Die zweite, für die Lebensdauer eines Widerstands enorm wichtige Größe ist seine Leistung. Sie gibt an, wieviel Wärme der Widerstand bei Dauerbelastung und normaler Temperatur abgeben kann. Die Standardausführungen liegen zwischen 0,25 und 20 Watt, wobei die typische Baugröße etwas differieren kann, je nachdem, ob Sie es mit einem Kohleschicht-, Metallfilm- oder Drahtwiderstand zu tun haben (vgl. Abbildung 3.1). Dennoch lässt sich von der Baugröße her recht gut auf die Leistung schließen, wenn man einen Vergleich hat. Widerstände ab 2 Watt besitzen häufig einen Aufdruck, der die maximale Leistung explizit angibt.

Merke

*Widerstände, die an der Grenze ihrer Belastbarkeit betrieben werden, erhitzen sich während des Betriebs stark und neigen dazu, ihre Lötstellen „erkalten" zu lassen, da die Wärme zu einer beschleunigten Oxidation des Lötzinns führt (siehe Seite **Fehler! Textmarke nicht definiert.**). Nachlöten hilft hier wenig, besser die Anschlussdrähte großzügig (ca. 2 cm) bemessen.*

Fehlerbilder eines Widerstands

Defekte Widerstände sind zu 90% aller Fälle mit dem bloßen Auge auszumachen. Das Erscheinungsbild reicht von „schwarz verkohlt" mit erheblichem Brandgeruch über Verfärbungen der Lackierung (Achtung: Farbringe sind dann oft verfälscht) bis hin zu kleinen Rissen oder Brandkratern. Verschiedentlich befreien sich Widerstände auch einfach per Hitze und Oxidation aus ihrem Lötbett – ein Vorgang, der bei korrektem Schaltungsdesign auf einen weiteren Fehler oder zumindest eine schlechte Wärmeabfuhr schließen lässt (Anschlussdrähte gegebenenfalls länger lassen).

Bei Widerständen mit Rücklötsicherung ist die Unterbrechung an der Sicherungsfeder gut erkenn- und reparierbar. In 98% aller Fälle liegt die Ursache aber nicht am Widerstand selbst.

In seltenen Fällen wird ein Widerstand auch einmal ohne äußere Anzeichen defekt. Die Ursache ist dann in Spannungsüberschlägen (Induktion), häufigen thermischen Wechseln oder Blitzeinwirkung zu suchen. Gerade Widerstände mit schaltungstechnischer Nähe zum Strom- oder Telefonnetz sowie zu Hochspannungsmodulen sind von diesem Fehler am häufigsten betroffen.

Wie Sie den Wert eines durchgebrannten Widerstands mit verfälschter oder verschwundener Aufschrift bzw. Farbkodierung ermitteln, lesen Sie im Praxistipp auf Seite 52.

Fehlerbild	Widerstand weist äußerliche Verbrennung oder Verfärbung auf.
Diagnose	Ein defekt gewordener Widerstand weist in etwa 70 % der Fälle eine deutlich sichtbare Verbrennung oder Unterbrechung und in 95 % der Fälle zumindest eine erhebliche Verfärbung auf. Verfärbung allein ist allerdings noch kein sicheres Zeichen für einen Defekt. Sicherheit schafft erst eine Messung. 1. Führen Sie eine erste Messung im eingebauten Zustand durch. Der Messwert darf nicht größer sein als der aufgedruckte Wert, sonst ist der Widerstand defekt. Stimmt er exakt, ist der Widerstand im Allgemeinen noch in Ordnung (Lötstellen prüfen). 2. Ist der Messwert kleiner als der erwartete Wert, sollten Sie den Widerstand ausbauen und die Messung wiederholen.
Mögliche Ursachen	Ursache ist in einem solchen Fall immer eine Überlastung durch einen Kurzschluss, ein weiteres defektes Bauteil (meist Halbleiter) oder unzureichende Wärmeabfuhr aufgrund mangelnder Konvektion (Lüftungsschlitze verstellt).
Abhilfe	Reparaturen durch schlichten Austausch abgebrannter Widerstände sind

	oft nicht von langer Dauer, wenn nicht ein vorangegangener (und behobener) Kurzschluss oder ein anderer Defekt als Ursache feststeht. Um auszuschließen, dass ein weiterer Defekt vorliegt, tauschen Sie den Widerstand gegen einen gleicher Leistung (!) aus und nehmen das Gerät in immer länger werdenden Abständen in Betrieb (beachten Sie gegebenenfalls den Praxistipp, falls der Wert nicht lesbar ist). Fängt der neue Widerstand nach kurzer Zeit zu rauchen an, ist der Fall klar: Es gibt noch eine andere Ursache.
Fehlerbild	Messwert entlarvt Widerstand als defekt, er selbst zeigt aber keine Anzeichen eines Defekts.
Mögliche Ursachen	Der aufgedruckte Wert ist schlecht lesbar geworden, vielleicht stimmt der Messwert ja doch? Wanderwellen etwa aufgrund von Blitzeinschlägen haben zu einem Riss des Metallfilms oder der Kohleschicht geführt.
Abhilfe	Austausch.
Fehlerbild	Federkontakt am oberen Ende eines Keramik-Draht-Widerstands ist geöffnet.
mögliche Ursachen	Der Widerstand ist mit einer so genannten Rücklötsicherung ausgestattet, die aufgrund von Überlast ausgelöst hat. In 99% der Fälle liegt noch ein weiterer Defekt vor, der für die Überlast verantwortlich ist.
Abhilfe	Niederdrücken der Feder und Löten unter Zugabe von Lötzinn. Nach weiteren Defekten forschen.
Fehlerbild	Kalte Lötstelle am Anschluss eines Widerstands.
mögliche Ursachen	Widerstand ist aufgrund von Überlast heiß geworden, das hat zu beschleunigter Oxidation des Lötzinns an der Lötstelle geführt. In den meisten Fällen liegt eine andere Ursache für die Überlast oder eine schlechte Wärmeabfuhr aufgrund verminderter Konvektion vor.
Abhilfe	Nachlöten allein hilft meist nicht. Widerstand gegen einen mit längeren Anschlussdrähten oder höherer Belastbarkeit austauschen.

Hinweise für den Austausch, Ersatzschaltungen

In der Praxis werden Sie in Ihrer Bastelkiste oft keinen Widerstand mit den gewünschten Werten finden. In manchen Fällen kann man sich dann mit „Tricks" behelfen – nämlich mit der Parallelschaltung bzw. Reihenschaltung (Serienschaltung) mehrerer Widerstände. Abbildung 3.3 zeigt mehrere Anordnungen für einen Gesamtwiderstand von 50 Ω.

Ersatzschaltungen müssen aber auch in Bezug auf die Verlustleistung richtig dimensioniert sein. Bei der Auswahl der Teilwiderstände muss daher auf mehrere Punkte geachtet werden.

1. Die Summe der maximalen Verlustleistungen aller Widerstände muss mindestens der geforderten Verlustleistung entsprechen.

$$P_{ges} = P_1 + P_2 + ... + P_n$$

2. Bei der Reihenschaltung erfolgt die Aufteilung der anteiligen Verlustleistung direkt proportional zum Widerstand – je größer der Widerstand, desto mehr Leistung fällt an.

$$\frac{R_i}{R_{ges}} = \frac{P_i}{P_{ges}}$$

3. Bei der Parallelschaltung erfolgt die Aufteilung der anteiligen Verlustleistung indirekt proportional zum Widerstand – je kleiner der Widerstand, desto mehr Leistung fällt an.

$$\frac{R_i}{R_{ges}} = \frac{P_{ges}}{P_i}$$

Wie bereits bemerkt, wird es schwierig, wenn der Aufdruck eines vom Wert her unbekannten und durchgebrannten Widerstands nicht mehr lesbar ist. Normalerweise hilft da nur noch ein Schaltplan weiter, Sie können es aber auch mit dem nachfolgenden Praxistipp versuchen.

Beachte *Ersetzen Sie Widerstände grundsätzlich nur durch solche, die den gleichen Ohmwert und mindestens die gleiche Belastbarkeit (Watt) haben. Bei Widerständen ab mittlerer Leistung sollten die Anschlussdrähte zum Schutz der Lötstelle nach Möglichkeit lang (größer 1 cm) bleiben.* **Beachte**

Kleine Bauteilkunde

51

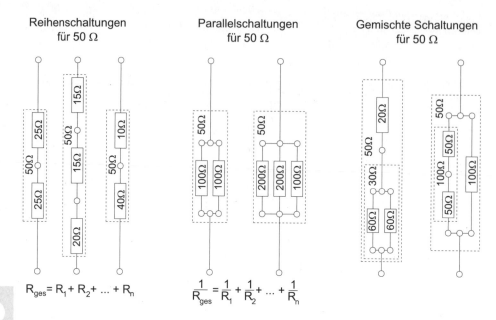

Abb. 3.3: Verschiedene Ersatzschaltungen für einen Gesamtwiderstand von 50 Ω – die Formeln unter den Schaltbildern ermöglichen die allgemeine Berechnung.

Praxistipp: Wert eines durchgebrannten Widerstands ermitteln

In vielen Fällen lässt sich der Wert eines durchgebrannten Draht- oder Metallfilmwiderstands, dessen Beschriftung nicht mehr (eindeutig) lesbar ist, aber dennoch ermitteln – bei Kohleschichtwiderständen ist die Methode meist zu ungenau.

1. Sie können davon ausgehen, dass die Widerstandsbahn an einer Stelle unterbrochen ist – suchen Sie diese, etwa durch vorsichtiges Abkratzen der Lackisolation bzw. durch Ausbau des Widerstands aus seiner Keramikfassung.

2. Legen Sie die Widerstandsbahn so weit frei, dass eine Messung möglich ist.

3. Messen Sie nun so exakt wie möglich von beiden Seiten aus zwischen den Anschlussdrähten und der Unterbrechung.

4. Addieren Sie die beiden Messwerte – voilà. Manchmal kann es nötig sein, ein paar Prozent auf den empirisch ermittelten Messwert aufzuschlagen, wenn die Brandstelle recht groß ist.

Praxistipp: Drahtwiderstände reparieren

Widerstände höherer Leistung sind meist Drahtwiderstände. Oft lassen sich durchgebrannte Drahtwiderstände noch weiter verwenden, wenn die Unterbrechung beseitigt wird:

1. Wickeln Sie auf jeder Seite der Unterbrechung eine halbe Windung ab.
2. Verdrehen Sie die beiden Drähte gut (zwei bis drei Windungen) miteinander. Löten bringt hier nichts, es sei denn, Sie können hartlöten.

Sie verlieren dadurch zwar etwas vom Widerstandswert, das ist aber in den meisten Fällen nicht tragisch. Es ist natürlich müßig zu erwähnen, dass diese improvisierte Lösung eine Ausnahme bleiben und der Widerstand bei Gelegenheit ausgetauscht werden sollte.

Bedenken Sie, dass ein Widerstand selten „einfach so" defekt wird. Meist wird eine Überlastung durch ein mit dem Widerstand in Reihe geschaltetes Bauteil – etwa eine Wicklung mit Windungsschluss – die eigentliche Ursache des Ausfalls sein.

Einstellwiderstände: Potentiometer und Abgleichwiderstände

Potentiometer und Abgleichwiderstände, auch *Trimmer* genannt, sind einstellbare Widerstände (vgl. Abbildung 3.3), bestehend aus einer Widerstandsbahn (Kohleschicht oder Drahtwicklung) und einem veränderbaren Mittelabgriff. Abgleichwiderstände dienen ausschließlich zur Arbeitspunkteinstellung einer Schaltung, die mit Hilfe eines kleinen Schraubenziehers vorgenommen wird. Potentiometer sind dagegen Bedienelemente. Durch Drehen (Drehwiderstand) oder Verschieben (Schieberegler) des Mittelabgriffs verändert der einstellbare Widerstand das Verhältnis der Spannungsteilung entweder direkt proportional zur Streckenteilung (lineare Charakteristik) oder in logarithmischem Verhältnis (logarithmische Charakteristik). Logarithmische Potentiometer finden vor allem im Audiobereich Anwendung (z.B. als Lautstärkeregler), da sie mit dem subjektiven Hörverhalten konform gehen.

Potentiometer für die Anwendung im Stereobereich sind als Mehrfachpotentiometer mit gemeinsamer Achse ausgeführt (evtl. mit zusätzlicher Schaltfunktion). Zur Klangverbesserung besitzen sie oft weitere, feste Mittelanzapfungen, was die Ersatzteilbesorgung besonders schwierig macht. Mit ein wenig feinmechanischem Geschick können sie aber meist wieder in Stand gesetzt werden.

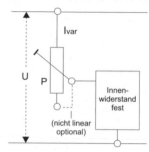

Spannungsteiler

Stromregler (variabler Serienwiderstand)

Abb. 3.3: *links* Potentiometer; *rechts* Trimmer

> ### *Einstellbare Widerstände sind häufig Anlass für Reparaturen*
> *Einstellbare Widerstände neigen bei Verschmutzung der Widerstands-
> bahn sowie Oxidation oder nachlassender Federwirkung des Mittel-
> abgriffs zur Kontaktschwäche.*

Merke

Merke

Bei Trimmwiderständen machen sich Kontaktschwächen indirekt durch einen verschobenen Arbeitspunkt der Schaltung bemerkbar. Gerade bei Geräten, die schon einige Jahre
auf dem Rücken haben oder Feuchtigkeit ausgesetzt waren, sind sie häufig Ursache mys-
teriöser Defekte. Vergessen Sie nicht, bei Trimmwiderständen vor dem Verstellen die ur-
sprüngliche Einstellung zu markieren.

Bei gealterten Potentiometern wird man während des Einstellvorgangs hingegen ein deut-
liches Kratzen oder Knistern hören oder „sehen", das bis zum streckenweisem Totalausfall im Regelbereich gehen kann. Problematisch sind auch Potentiometer, die über lange
Betriebszeiten hinweg nicht bewegt wurden – beispielsweise Klangregler. Ihre Mittelab-
griffe neigen dazu „festzuwachsen", sodass ein Verstellen Unebenheiten in der Kohleschicht hinterlässt und schließlich zu den genannten Erscheinungen führt.

Abhilfe lässt sich vielfach schon durch rein mechanisches „Üben", das heißt, schnelles
Durchfahren des Regelbereichs in häufiger Abfolge – am besten bei ausgeschaltetem Gerät – erzielen. Zu besseren Erfolgen führt ein kräftiger Schuss Kontaktspray in das Poten-
tiometergehäuse, gefolgt von mehrmaligem Hin- und Herregeln (vor dem Einschalten des
Geräts sollten Sie dann eine gute halbe Stunde warten, bis das Kontaktmittel verflogen
ist). Dauerhaft hilft aber nur ein Säubern und Nachbiegen der Kontaktzunge des Mittelabgriffs, eine Maßnahme, die aber häufig daran scheitert, dass ein Zerlegen des Potentio-
meters auf den ersten Blick nicht möglich scheint. Da sich für Potentiometer mit Mittel-
abgriffen und Mehrfachfunktionalität jedoch nur äußerst schlecht Ersatz auftreiben lässt,

Kleine Bauteilkunde

3

sollte man hier ruhig einen zweiten oder gar dritten Blick auf das Bauteil werfen und auch Möglichkeiten, wie das Aufbohren von Nieten oder Aufbiegen von Blechnasen in Erwägung ziehen – wo es eine Montage gab, gibt es auch eine Demontage.

Mit Einzug digitaler Potentiometer in das moderne Schaltungsdesign, die sich vor allem auch per Fernsteuerung bedienen lassen, ist das mechanische Potentiometer als Bedienelement nahezu vollständig von der Bildfläche verschwunden – und mit ihm ein steter Quell an Ärgernis (nun zählt der Taster zu den Problemzonen eines Geräts).

Abb. 3.4: Einstellbare Widerstände – *links* Potentiometer; *rechts* Trimmwiderstände

Lichtempfindlicher Widerstand (LDR)

Eine Sonderklasse unter den Widerständen bildet der lichtempfindliche Widerstand (Fotowiderstand oder LDR-Widerstand, vgl. Abbildung 3.6). Er reagiert auf Licht und verringert mit zunehmender Beleuchtungsstärke seinen elektrischen Widerstand (typisch: mehrere hundert Kiloohm bei Dunkelheit, wenige hundert Ohm bei starker Helligkeit). Sein Einsatzbereich liegt in der Beleuchtungsmessung, Hell- bzw. Dunkelsteuerung und im Zusammenhang mit Lichtschranken (Abbildung 3.5). Anstelle von Fotowiderständen findet man in Schaltungen häufig die billigeren und schneller schaltenden Fotodioden oder -transistoren.

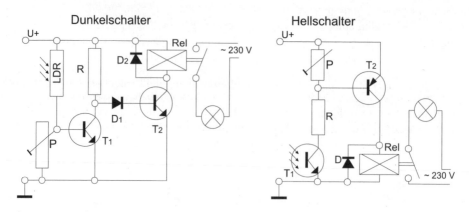

Abb. 3.5: *links* Dunkelschalter mit LDR; *rechts* Hellschalter mit Fototransistor

Abb. 3.6: *links oben* Fototransistor; *links unten* Fotowiderstand; *restliche* verschiedene Ausführungen von NTC- und PTC-Widerständen

Temperaturempfindliche Widerstände

Eine weitere Sonderklasse unter den Widerständen bildet der temperaturempfindliche Widerstand. Der Heißleiter oder NTC-Widerstand (negativer Temperaturkoeffizient) vermindert seinen Widerstand bei ansteigender Temperatur, während der Kaltleiter oder PTC-Widerstand (positiver Temperaturkoeffizient) seinen Widerstand in genau umgekehrter Charakteristik erhöht. Solche Widerstände finden beispielsweise für die Arbeitspunktstabilisierung von Verstärkerstufen Verwendung, da Transistoren – aber auch Dioden und intern nicht temperaturkompensierte ICs – ein temperaturabhängiges Verhalten zeigen.

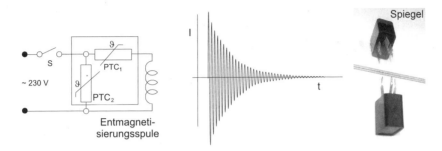

Abb. 3.7: *links* Entmagnetisierungsschaltung für eine Farbbildröhre mit Kaltleiterkombination; *mitte* Spannungsverlauf an der Entmagnetisierungsspule; *rechts* typische PTC-Kombination

Wie ein Blick auf Abbildung 3.6 verrät, sehen NTCs und PTCs Kondensatoren zum Verwechseln ähnlich. Messtechnisch besteht natürlich ein erheblicher Unterschied.

> *Falls Sie einen verdächtigen „Kondensator" durchmessen, der einen Widerstand im Ω-Bereich oder $k\Omega$-Bereich aufweist, kann es auch sein, dass Sie in Wahrheit einen PTC oder NTC vor sich haben. Für den weiteren Test halten Sie einfach ca. eine Sekunde lang den Lötkolben an das Bauteil. Steigt der Widerstand an, haben Sie einen PTC vor sich, sinkt er, einen NTC.*

Als besondere Anwendung hat sich in der Fernsehtechnik eine Kombination aus zwei PTC-Widerständen für die Bildröhrenentmagnetisierung eingebürgert. Abbildung 3.7 zeigt die einfache, aber wirksame Schaltungsanordnung. Beim Einschalten des Geräts fließt über den Kaltleiter PTC_1 ein recht kräftiger Strom (typisch bis 5 A), der in der seriell liegenden Entmagnetisierungsspule ein starkes Wechselstrom-Magnetfeld erzeugt. Durch den hohen Stromfluss erwärmt sich PTC_1, der Strom durch die Spule und das Magnetfeld werden kontinuierlich schwächer – der typische Entmagnetisierungsvorgang. Die Temperatursteilheit von PTC_1 alleine genügt aber nicht, um den Entmagnetisierungsstrom so zu reduzieren, dass sich dadurch keine Bildstörung ergibt. PTC_2 sorgt nun in direktem Wärmekontakt mit PTC_1 dafür, dass dieser zusätzlich und ständig erhitzt wird. Somit kann der Entmagnetisierungsstrom auf unter 1 mA sinken, und das Magnetfeld verschwindet nahezu völlig.

Kondensator

Kondensatoren bestehen im Prinzip aus zwei relativ großen und dicht aneinander liegenden, aber gegeneinander isolierten Leiterflächen. Legt man eine Gleichspannung an einen Kondensator an, sammeln sich an der mit Minus verbundenen Fläche Elektronen, und von der anderen Fläche werden sie abgezogen. Durch die Elektronendifferenz entsteht zwischen den Flächen ein elektrisches Feld, das umso stärker ist, je größer und je näher sich die Flächen sind. Je größer die Kapazität eines Kondensators, desto mehr Elektronen kann seine mit Minus verbundene Fläche bei gegebener Spannung aufnehmen. Im ungeladenen Zustand (dieser Zustand stellt sich früher oder später von selbst ein) wird daher beim Anlegen einer Gleichspannung ein Strom fließen, bis sich die für die gegebene Spannung maximal mögliche Elektronendifferenz oder Ladung aufgebaut hat.

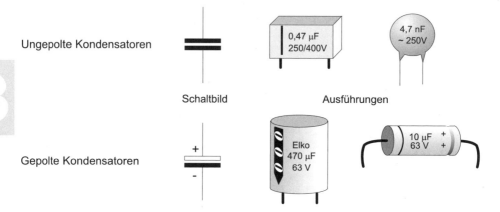

Abb. 3.4: Klassifizierung von Kondensatoren

Man unterscheidet grob zwei Bauarten von Kondensatoren: gepolte Kondensatoren, zum Beispiel Elektrolyt- (kurz Elko) oder MKP-Kondensatoren, und ungepolte Kondensatoren, zum Beispiel Folien- oder Keramikkondensatoren. Gepolte Kondensatoren haben einen deutlich gekennzeichneten Plus- und/oder Minusanschluss und dürfen nur im Zusammenhang mit Gleichspannungspotenzialen verwendet werden. Eine falsche Polung zerstört den gepolten Kondensator nach einer Weile und bringt ihn durch Gasung regelrecht zum Platzen. MKP-Kondensatoren sind gepolte Kondensatoren mit Selbstheilungseigenschaft und lassen sich daher für symmetrische (ohne überlagertes Gleichspannungspotenzial) Wechselspannungen verwenden. Sie finden insbesondere als Phasenschieberelemente für Hilfswicklungen in Asynchronmotoren oder Leuchtstofflampen Anwendung, aber auch in Entstör- und Koppelgliedern. Dauerhaftes Gleichspannungspotenzial in falscher Polung zerstört sie.

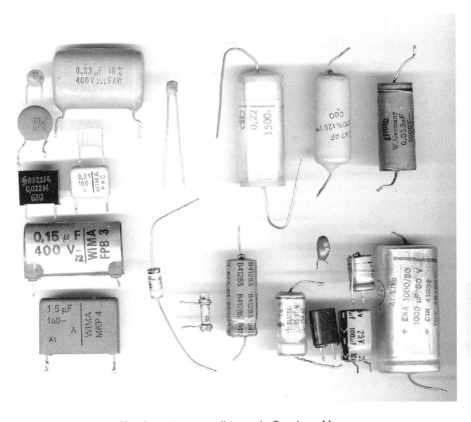

Abb. 3.5: Bauarten von Kondensatoren ... gibt es wie Sand am Meer

Ungepolte Kondensatoren dürfen dagegen mit Gleichspannungspotenzialen beliebiger Polung (sowie natürlich auch mit Wechselspannung) konfrontiert werden, haben aber oft trotzdem eine Kennzeichnung des Minuspols, die bei Gleichspannungsbetrieb zur Verbesserung der Lebensdauer und Erhöhung der Spannungsfestigkeit eingehalten werden sollte.

Elkos mit größeren Kapazitäten befinden sich in Aluminiumzylindern mit zwei Anschlüssen. Mehrfachkondensatoren haben in entsprechender Anzahl weitere Anschlüsse bei meist gemeinsamem Minuspol – ein auf das Gehäuse aufgedrucktes Schaltbild gibt Aufschluss über die Anschlussbelegung. Kleinere Kondensatoren werden meist tönnchen-, wurst- oder linsenförmig sein. Auch hier bringt die Aufschrift weitere Klarheit. Es gilt die Faustregel: Gepolte Kondensatoren haben bei gleicher Größe und Spannungsfestigkeit eine etwa um den Faktor 100 höhere Kapazität als ungepolte.

Die Abbildungen 3.4 und 3.5 zeigen die Schaltbilder und die häufigsten Ausführungen.

Kapazität und Spannungsfestigkeit

Den Ladevorgang eines Kondensators kann man mit einem Analogmultimeter im hochohmigen Widerstandsmessbereich ohne weitere Beschaltung gut „beobachten". Die Spannung kommt dabei übrigens von der Batterie des Messgeräts und muss nicht eigens angelegt werden. Sie werden sofort nach dem Anlegen der Messspitzen an die beiden Anschlusskontakte des Kondensators einen schnell ansteigenden und dann wieder zügig abfallenden Zeigerausschlag beobachten können. Wenn Sie die Messspitzen dann ohne allzu viel Zeitverlust umpolen, ist der Effekt erneut – diesmal mit etwa doppeltem Ausschlag – zu beobachten. Der Effekt ist umso stärker, je höher die Kapazität des Kondensators ist. Man bekommt mit diesem einfachen Messaufbau natürlich keine Aussage über die tatsächliche Kapazität des Kondensators – aufschlussreich kann aber eine Vergleichsmessung an einem intakten Kondensator gleicher Kapazität sein (die Spannungsfestigkeit ist dabei gleichgültig).

Die Kapazität eines Kondensators wird in Farad (F) gemessen. Da die Einheit Farad sehr groß ist, liegen die gängigen Werte im Bereich von Picofarad (pF) und Nanofarad (nF) für unpolte Kondensatoren und Mikrofarad (µF) sowie Millifarad (mF) für Elkos.

Es gilt:

$$0{,}001 \text{ F} = 1 \text{ mF} = 1000 \text{ µF}$$
$$1 \text{ µF} = 1000 \text{ nF} = 1.000.000 \text{ pF}$$

Wichtig ist weiterhin die maximale Spannungsbelastbarkeit eines Kondensators. Sie ist grundsätzlich durch eine Aufschrift gekennzeichnet und darf im Betrieb nicht überschritten werden (auch nicht kurzzeitig), da es sonst zum Durchschlagen der Isolierschicht kommt und der Kondensator nicht nur unbrauchbar wird sondern weiterhin einen Kurzschluss darstellt. Tabelle 3.3 gibt typische Aufschriften verschiedener Kondensatoren wieder.

Tab. 3.3: Typische Aufschriften von Kondensatoren und ihre Verwendung in Geräten

Aufschrift[*]	typischerweise verwendet als
2 mF 40 V (Elko)	Siebkondensator in Netzgeräten z.B. für Verstärker
16 µF ~350 V – 450 V	Phasenschieberglied
220 µF 64 V	Kapazität in Kopplungs-, Sieb- oder RC-Glied
47 nF ~250 V	Funkenlöschkondensator für Schaltkontakte, Kapazität in RC- oder LC-Glied
1800 pF ~400	Funkentstörkondensator

[*] Das Symbol „~" steht für reinen Wechselspannungsbetrieb und „–" für reinen Gleichspannungsbetrieb. Ist keine Angabe vorhanden, ist von einem reinen Gleichspannungsbetrieb auszugehen.

In elektronischen Schaltungen findet man – im wahrsten Sinne des Worts – eine bunte Mischung von gepolten und ungepolten Kondensatoren mit Werten zwischen einigen nF und einigen tausend µF. Die typischen Funktionen des Kondensators sind:

➤ Siebkondensator zur Glättung von welliger Gleichspannung (grundsätzlich Elko mit hoher Kapazität; vgl. Abschnitt 4.2 „Netzteile")

➤ Kopplungskondensator zwischen Verstärkungsstufen zur Anpassung von unterschiedlichen Gleichspannungspotenzialen (vgl. Abschnitt 4.3 „Verstärkerschaltungen")

➤ Entstörkondensator zum Herausfiltern unerwünschter Hochfrequenzanteile – der Kondensator bildet dann meist in Kooperation mit einer Induktivität (Drossel) ein Entstörfilter (Abbildung 3.8)

➤ Filterkapazität in RC-Gliedern für Hochpass-, Tiefpass- und Bandfilter (Abbildung 3.9)

➤ Schwingkreiskapazität in Serienschwingkreis oder Parallelschwingkreis mit Spule (Abbildung 3.10).

Charakterisierung

Der Kondensator lässt Gleichstrom überhaupt nicht passieren, Wechselstrom dagegen umso besser, je höher die Frequenz wird. Im Wechselstrombetrieb wirkt der Kondensator als Blindwiderstand und bedingt eine Phasenverschiebung zwischen Strom und Spannung – der Strom eilt der Spannung voraus.

asymmetrisches Entstörfilter

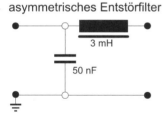

symmetrisches Entstörfilter

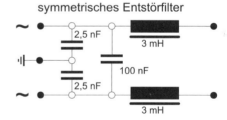

Abb. 3.8: Funkentstörfilter – lässt hochfrequente Schwingungen nicht passieren

61

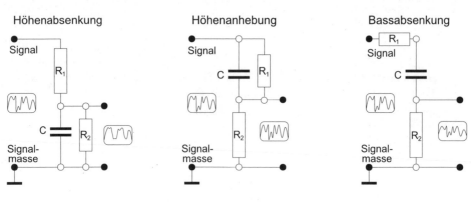

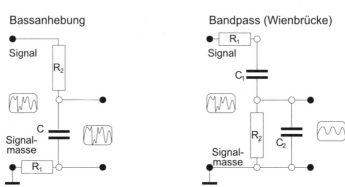

Abb. 3.9: RC-Glieder – Hochpass, Tiefpass, Bandpass

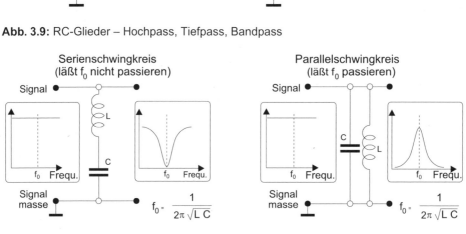

Abb. 3.10: LC-Glieder – Serien- und Parallelresonanzkreis

Ersatzschaltungen: Parallel- und Serienschaltung

Wie Widerstände lassen sich auch Kondensatoren parallel bzw. seriell schalten. Man bezeichnet solche Schaltungen als *Ersatzschaltungen*, da sie durch ein einzelnes Bauteil realisierbar sind – zumindest von der Theorie her.[9] Abbildung 3.6 zeigt, welche Auswirkung die Parallel- und Serienschaltung auf die Gesamtkapazität und die Spannungserfordernisse der Einzelkondensatoren hat.

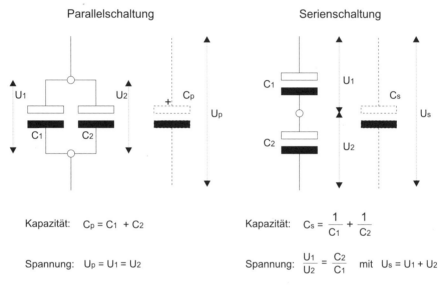

Parallelschaltung

Serienschaltung

Kapazität: $C_p = C_1 + C_2$

Kapazität: $C_s = \dfrac{1}{C_1} + \dfrac{1}{C_2}$

Spannung: $U_p = U_1 = U_2$

Spannung: $\dfrac{U_1}{U_2} = \dfrac{C_2}{C_1}$ mit $U_s = U_1 + U_2$

Abb. 3.6: Ersatzschaltungen für Kondensatoren

> *Als Faustregel für die Serienschaltung von Kondensatoren gleicher Kapazität können Sie sich merken:*
>
> *Bei zwei Kondensatoren halbiert sich die Kapazität, während sich die Spannungsfestigkeit verdoppelt. Bei dreien drittelt sich die Kapazität und die Spannungsfestigkeit verdreifacht sich, usw.*

Merke

Merke

---

[9] In Netzteilen findet man häufig die Parallelschaltung eines Kondensators großer Kapazität (Siebkondensator) und eines oder mehrerer Kondensatoren kleiner Kapazität (Entstörkondensatoren), um auch über größere Frequenzbereiche hinweg eine gute Impulsfestigkeit zu erzielen. Gewickelte Kondensatoren fangen bei höheren Frequenzen an, sich zunehmend wie Spulen zu verhalten und lassen steile Impulse schlicht passieren.

Bei der Parallelschaltung nimmt die Kapazität bei unveränderter Spannungsfestigkeit zu, da sich die Flächen der Platten addieren. Bei der Serienschaltung nimmt die Kapazität ab, da gewissermaßen der Abstand zwischen den Platten größer wird. Dafür nimmt die Spannungsfestigkeit zu.

Prüfen von Kondensatoren

Um einen Kondensator zu prüfen, führen Sie folgende Schritte durch:

1. Arbeiten Sie nach Möglichkeit mit einem Analogmultimeter. Digitalmultimeter lassen sich vom Prinzip her zwar auch verwenden, sie zeigen das Ergebnis aber nicht so schön.

2. Schalten Sie den empfindlichsten Bereich für die Widerstandsmessung ein.

3. Messen Sie an den Anschlüssen, ohne die Messspitzen mit den Fingern zu berühren (das würde die Messung erheblich verfälschen).

4. Das Messgerät muss einen kurzen Ausschlag zeigen und dann – je nach Kapazität – mehr oder weniger schnell auf den Wert ∞ zurückfallen, also keinerlei Durchgang mehr anzeigen. Da Kondensatoren in Geräten häufig ein Widerstand (oder gar eine Wicklung) parallel geschaltet ist (RC/LC-Glied), lässt sich ein sicheres Messergebnis nur im ausgebauten Zustand erlangen. Zeigt der Kondensator im eingebauten Zustand jedoch das gewünschte Verhalten, ist das im Allgemeinen in Ordnung.

5. Ist gar kein Ausschlag zu beobachten, ist die Kapazität entweder sehr klein (pF-Bereich) oder der Anschlussdraht hat intern keinen Kontakt.

Wenn Sie Elkos mit einem Multimeter durchmessen, werden Sie feststellen, dass der Kondensator ähnlich wie eine Diode (jedoch in geringerem Maße) in einer Richtung „durchlässig" ist. Beachten Sie dabei, dass die Messspannung bei vielen Messgeräten falsch gepolt ist (an der Minusspitze des Messgeräts liegt dann Plus und an der Plusspitze Minus der Messspannung). Durch diesen Effekt dürfen Sie sich nicht zu falschen Schlüssen verleiten lassen. Zwar wird der Kondensator durch diese „Fehlpolung" noch nicht defekt, er verhält sich aber so, als sei er defekt.

Beachte   *Große Kondensatoren älterer Bauart enthalten PCB, ein nicht abbaubares und gefährliches Umweltgift, das speziell entsorgt werden muss. Ihr örtliches Müllunternehmen nimmt sie entgegen.*   *Beachte*

Fehlerbilder von Kondensatoren

Ältere Kondensatoren zeigen oft in beiden Richtungen einen gerade noch messbaren Durchgangswiderstand, der natürlich die Selbstentladung beschleunigt. Man spricht in diesem Zusammenhang vom „Leckstrom". Ein zu hoher Leckstrom kommt in der Praxis einem Kapazitätsverlust gleich, und es ist ratsam, das Bauteil durch ein neues gleicher Bauart zu ersetzen, da die Gefahr eines baldigen Plattenschlusses besteht.

Merke | *Bei durchgeschlagenen Kondensatoren misst man in beiden Polungen Widerstände im Bereich weniger Ω..* | *Merke*

Fehlerbild	Kondensator hat äußerliche Veränderungen (Aufblähungen, Salzkruste).
mögliche Ursachen	Verpolung des Kondensators, Wechselspannungspotenzial ist aufgrund eines weiteren Defekts (etwa eines Transistors) von einem Gleichspannungspotenzial ungünstiger Polung überlagert.
Abhilfe	Austausch des Kondensators. Per Spannungsmessung vor dem Ausbau sicherstellen, dass keine Verpolung vorliegt.
Fehlerbild	Kondensator hat Plattenschluss, Messergebnis zeigt wenige Ω.
mögliche Ursachen	Überspannungen, aufgrund von Blitzeinschlag in Stromnetz oder Induktionsspitzen beim Ausschalten eines leistungsstarken Verbrauchers mit hoher Induktivität. Der erste Verdacht fällt natürlich auf das Gerät selbst, in dem der Kondensator enthalten ist, es kann aber auch ein benachbarter Verbraucher (Schweißtransformator) der Schuldige sein.
Abhilfe	Austausch – gegebenenfalls Ausführung mit höherer Spannungsfestigkeit wählen. Bei wiederholtem Ausfall, Entstörkondensatoren kleiner Kapazität parallel schalten.
Fehlerbild	Kondensator zeigt in einer oder beiden Richtungen schwachen Durchgang.
mögliche Ursachen	Bei einem Elko ist es völlig normal, wenn er in einer Richtung im Bereich von einigen kΩ schwach durchlässig ist. Schwache Durchgänge in beiden Richtungen sind dagegen auf eine Alterung des Kondensators zurückzuführen, meist aber nicht die Ursache bzw. Erklärung für einen anderen Defekt, sondern nur Vorbote für einen kommenden Defekt.
Abhilfe	Messung in vertauschter Polarität wiederholen. Bei schwachem Durchgang in beiden Richtungen Kondensator vorsorglich austauschen.
Fehlerbild	Kondensator zeigt kein auffälliges Verhalten bei Messung, Sicherung

	fällt aber.
mögliche Ursachen	In seltenen Fällen machen sich Isolationsschäden erst bei höheren Spannungen bemerkbar – dies kann dann die Ursache für eine aus obskuren Gründen defekt gewordene Sicherung sein. Zur weiteren Diagnose: Kondensator ausbauen und Gerät kurz ohne betreiben (Schaden ist dadurch nicht zu erwarten). Fällt die Sicherung nicht, ist der Fall klar.
Abhilfe	Austausch – gegebenenfalls Ausführung mit höherer Spannungsfestigkeit wählen. Bei wiederholtem Ausfall, Entstörkondensatoren kleiner Kapazität parallel schalten.

Spule und Transformator

Eine Spule besteht aus einer Wicklung um einen magnetisch aktiven Kern (der im Hochfrequenzbereich auch fehlen kann). Aus elektrischer Sicht verkörpert die Spule eine sogenannte *Induktivität*, die in der Einheit Henry (1 H = 1000 mH = 1.000.000 µH) angegeben wird. Sie ist ein Maß, mit dem sich das elektromagnetische Verhalten einer Spule im Stromkreis theoretisch beschreiben lässt. In der Praxis sind jedoch zusätzlich die Bauform[10] und das Kernmaterial (Eisenkerne, Blechkerne, Ferritkerne etc.) entscheidende Faktoren für die Spulengüte[11], da je nach Frequenzbereich bestimmte physikalische Effekte eine erhebliche Rolle spielen. Damit ist die messtechnische Erfassung der Induktivität mit „Hausmitteln" nicht nur relativ aussichtslos, sondern für gewöhnlich auch wenig aussagekräftig.

Spulen bzw. Wicklungen von Motoren, Drosseln, Relais und Transformatoren sind nichts anderes als lange, um einen magnetisch aktiven Kern gewickelte isolierte Kupferdrähte mit zwei oder mehr Anschlüssen.[12] Werden Spulen von Strom durchflossen, bauen sie im Kern ein magnetisches Feld auf, dessen Polung sich bei Wechselstrom ständig ändert. Dieses Magnetfeld wird von Motoren in Bewegung umgesetzt, von Relais in Schaltvorgänge, und bei Drosseln bewirkt es im Zusammenhang mit der Änderung der Stromflussrichtung bei Wechselstrom die Bildung eines frequenzabhängigen Blindwiderstands, der

---

[10] Dazu zählen die Geometrie der Wicklung (v.a. Länge und Durchmesser), die Anwesenheit und Beschaffenheit eines Kerns (geschlossen oder offen; Luftspule), der verwendete Wicklungsdraht (Querschnitt), die Art der Wicklung, die Anzahl der Windungen, die Art der Isolation etc.

[11] Aus physikalischen Gründen muss jede Spule als Serienschaltung eines Widerstands und einer idealen Spule begriffen werden. Die „Güte" einer Spule ist ein Maß dafür, wie sehr sie – bezogen auf einen bestimmten Arbeitsbereich (Frequenzbereich) – einer idealen Spule entspricht.

[12] Bei mehreren Anschlüssen ein und derselben Wicklung spricht man von „Anzapfungen". Formal gesehen hat man dann mehrere in Serie geschaltete Spulen vor sich.

dem Strom einen Widerstand entgegensetzt und somit wie ein echter Widerstand wirkt, aber keine Verlustwärme freisetzt. Dummerweise bewirkt eine Spule eine Phasenverschiebung zwischen Strom und Spannung, daher lassen sich Spulen nur bedingt als „Widerstände" einsetzen (vgl. Vorschaltgeräte für Leuchtstofflampen). Spulen sind für hohe Frequenzen schlecht „durchlässig" und für niedrige gut.

Aus der Sicht eines Gleichstroms – und diese ist für die Widerstandsmessung relevant – verhält sich eine Spule wie ein „Ohmscher Widerstand", das heißt, sie weist einen Durchgangswiderstand auf, der von der Länge und Dicke des verwendeten Wicklungsdrahts abhängt.

Für die Prüfung lässt sich eine Spule wie ein normaler Widerstand durchmessen. Wicklungen stärkerer Motoren zeigen Messwerte von wenigen Ω, Transformatoren im Primärkreis (230 Volt-Seite) je nach Leistung etwa 20 bis 2000 Ω und im Sekundärkreis erheblich weniger. Auch Relaisspulen sind noch im Widerstandsmessbereich Ω gut durchzumessen.

Fehlerbilder von Wicklungen

Da Motoren und Transformatoren aus mehreren getrennten Wicklungen bestehen können, ist die Messung manchmal schwierig oder nicht so aussagekräftig. Hinweise für einen Defekt sind auf alle Fälle aus der Wicklung herausgeführte Spulendrähte, die gegen keinen anderen Spulenanschluss einen Durchgang zeigen. Wicklungsschlüsse lassen sich dagegen nur diagnostizieren, wenn die Wicklung wider Erwarten durch einen zu geringen Widerstand auffällt (z.B. durch Vergleich mit anderen, gleichartigen Wicklungen).

Relais weisen oft mechanische Defekte oder Kontaktschwächen auf. Nach Entfernen der Staubschutzvorrichtung kann die Mechanik sowie das Schließen und Öffnen der Kontakte durch leichten Druck auf den Relaisanker beobachtet werden. Die Schalteigenschaft lässt sich auf diese Weise gut simulieren und messen. Ob ein Relais aber wirklich anzieht, ist nur feststellbar, wenn die richtige Spannung an die Ankerspule angelegt wird. Das Relais müsste dann ein deutlich vernehmbares Klicken von sich geben, wenn der Anker schließt.

Fehlerbild	Wicklung ist verfärbt.
mögliche Ursachen	Überlastung des Geräts (Transformator oder Motor). Häufig liegt bei äußerlich sichtbarer Verfärbung intern auch ein Wicklungsschluss vor, da die Spule innen wesentlich heißer und die Isolation mit zunehmender Temperatur schlechter (weicher) wird.
Abhilfe	Bei wertvollem Gerät (Anker) neu wickeln lassen (das geht meist nicht selbst), ansonsten Austausch des gesamten Bauteils.
Fehlerbild	Wicklung zeigt keinen Durchgang, ist aber nicht verfärbt.
mögliche	Unterbrechung der Wicklung, möglicherweise durch mechanische Ein-

Ursachen	wirkung oder innen durchgebrannt.
Abhilfe	Nehmen Sie die Wicklung genau in Augenschein, vielleicht sehen Sie ja die Unterbrechung und können sie (vorsichtig) löten. Gerade die Anschlussstellen sind gefährdet, da die dünnen Drähte dort mangels fester Einbettung gerne reißen.
mögliche Ursachen	Lötstelle gebrochen – dies passiert vor allem bei Transformatoren in Schaltnetzteilen (auch Zeilentransformatoren) recht häufig, da diese mechanisch mit hohen Frequenzen schwingen und sich gerne aus dem Lötbett befreien.
Abhilfe	Anschlüsse nachlöten.
Fehlerbild	Starke Geräuschentwicklung (sägendes Netzbrummen, Piepsen oder Pfeifen in Schaltnetzteilen).
mögliche Ursachen	Bleche des Spulenkerns oder andere Spulenteile sind locker geworden und schwingen.
Abhilfe	Sekundenkleber zwischen die Bleche einfließen lassen – Heißkleber ist ungeeignet, da Bleche und Wicklung während des Betriebs heiß werden; Bleche und Spulenteile sonstwie mechanisch fixieren beispielsweise durch Kabelbinder oder Gummi, nicht jedoch durch blanken Draht (wegen möglicher Induktion).

Charakterisierung

Die Spule verhält sich bei Gleichstrom wie ein ohmscher Widerstand und erzeugt ein dem Stromfluss proportionales Magnetfeld. Wird eine Spule von Wechselstrom durchflossen, wirkt ihre Induktivität dem Stromfluss entgegen. Es ergibt sich wie beim Kondensator ein Blindwiderstand und eine Phasenverschiebung zwischen Strom und Spannung – die Spannung eilt dem Strom voraus.[13]

Anwendungen

Die typischen Anwendungen von Spulen in der Elektronik sind:

➤ Relaisspule für elektromechanische Schaltvorgänge

➤ Drosselspule zur Erzeugung von Blindwiderständen für die Hochfrequenzfilterung (vgl. Abbildung 3.8), die Impulsverformung, die Spannungsstabilisierung in Netzgeräten sowie für den Betrieb von Leuchtstoffröhren

➤ Resonanzinduktivität in Schwingkreisen und Filtern (LC-Glieder; Abbildung 3.10)

---

[13] Die Phasenverschiebung einer Spule ist der des Kondensators genau entgegengesetzt.

> Transformatorspule für die Spannungs- und Stromtransformation (Impedanzwandlung) in Kopplungsschaltungen oder Niedervoltversorgungen
> Ablenkspule (z.B. Horizontal- und Vertikalablenkung für Fernsehbildröhren)
> Induktionsspulen zur Hochspannungsgewinnung (beispielsweise Zündungsschaltungen für Kfz; Zeilentransformator, elektrische Weidezäune).

Im Transformator wirken mindestens zwei Spulen – eine Primärspule (Energieeinspeisung) und eine Sekundärspule (Energieentnahme). Sind Primär- und Sekundärspule getrennt gewickelt, handelt es sich um einen regulären Transformator (Potenzialtrenner), wie er z.B. zur Niederspannungsversorgung mit gleichzeitiger Netztrennung für die meisten elektronischen Geräte verwendet wird. Oft besitzt die Sekundärspule verschiedene Anzapfungen, sodass sekundärseitig mehrere Spannungen zur Verfügung stehen. Primärseitige Anzapfungen sind im Allgemeinen dafür da, den Transformator an Stromnetze mit unterschiedlicher Spannungsnorm anpassen zu können.

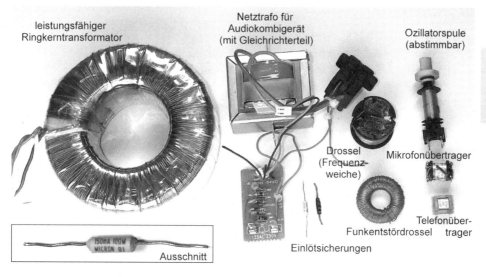

Abb. 3.11: Verschiedene Ausführungen von Transformatoren, Spulen und Drosseln; *links unten* Einlötsicherung in Ausschnittvergrößerung

Der Zusammenhang zwischen den Spannungen (U), den Strömen (I) und den Windungzahlen (n) im Transformator ist recht einfach:

$$\frac{n_i}{n_j} = \frac{U_i}{U_j} = \frac{I_j}{I_i}$$

Spartransformatoren verwenden nur eine Wicklung mit Anzapfungen für Primär- und Sekundärspulen. Der Effekt ist im Wesentlichen der gleiche, es findet jedoch keine Potenzialtrennung statt.

Diagnose

Der Funktionstest von Spulen und Wicklungen beinhaltet im ersten Schritt die ausführliche Inaugenscheinnahme der Wicklung und ihrer Anschlüsse, soweit eben möglich. In vielen Fällen verweist bereits eine allgemeine oder lokale Verfärbung der Wicklung bzw. Isolationsfolie auf einen möglichen Defekt. Relativ aussagekräftig ist die Widerstandsmessung auf Durchgang, wobei je nach Anzahl der Wicklungen und Drahtquerschnitt Messwerte zwischen 0 und 200 Ω als normal einzustufen sind. Zeigt eine Wicklung keinen Durchgang, ist sie entweder durchgebrannt oder der Wicklungsdraht aufgrund mechanischer Belastung (meist in der Nähe des Anschlusses) irgendwie gerissen. Oft sind auch aufgrund der mechanischen Vibration „kalt" gewordene Lötstellen Ursache vermeintlicher Wicklungsunterbrechungen.

Windungsschlüsse lassen sich nur schlecht nachweisen, zumal diese häufig nur während des Betriebs (Funkenüberschlag) oder durch Ausdehnung nach entsprechender Erwärmung auftreten. Hier kann die vergleichende Widerstandsmessung mit einer als gleich einzustufenden Wicklung sowie die Wechselspannungsmessung aussagekräftig sein.

> **Tipp**
>
> *Wackelkontakte, Funkenüberschläge oder -sprühungen in Wicklungen (aber auch an anderen Stellen) lassen sich sehr gut und absolut gefahrlos mit in unmittelbarer Nähe betriebenen Mittel- oder Kurzwellenempfängern indirekt nachweisen – wenn die als Knistern vernehmbare Störung nach Abschalten der Wicklung bzw. des Geräts verschwindet, ist der Fall klar.*

Bedingt durch die Selbstinduktion bei plötzlicher Stromunterbrechung (z.B. durch Schalter oder Wackelkontakt) treten in der Spule teilweise sehr hohe Induktionsspannungen auf, die hochfrequente Störungen in Rundfunk- und Fernsehgeräten hervorrufen, die Isolation des Wicklungsdrahts gefährden und benachbarte Schaltungselemente zerstören können. Aus diesem Grund findet man oft Schutzkondensatoren oder -dioden in Parallelschaltung zu Wicklungen, die diese Spannungen kompensieren. Ein Defekt eines solchen Schutzelements kommt als Ursache für viele Ausfälle in Frage.

Ist die Isolation des Wicklungsdrahts (z.B. nach Überhitzung oder durch zu hohe Induktionsspannungen) einmal beschädigt, wird es – mehr oder weniger häufig – zu Spannungsüberschlägen innerhalb der Wicklung kommen, die sich durch Knistern, Ozongeruch sowie durch Störungen in Rundfunk- und Fernsehgeräten bemerkbar machen. Letztendlich führt dieser Effekt dann zu Feinschlüssen in der Wicklung und zur Herabsetzung der Induktivität sowie einer Erhöhung der Verlustwärme bis hin zum Ausfall des Geräts.

Spulen, die von niederfrequenten Wechselströmen (bis ca. 100 kHz) durchflossen werden, schwingen mechanisch und neigen dazu, ihre Lötbetten auf der Platine zu sprengen. Das Resultat ist **eine der häufigsten Fehlerquellen in elektronischen Schaltungen**: Wackelkontakte und Schaltungsdefekte aufgrund „kalter Lötstellen".

Reparatur

Manche Wicklungen, insbesondere (Halogen-)Transformatoren sind herstellerseitig mit höchst unscheinbaren Einlötsicherungen geschützt, um die Feuergefahr bei einem Wicklungsbrand aufgrund von Überlastung zu bannen. Es lohnt sich, danach zu suchen und gegebenenfalls das Isolierpapier um die äußere Wicklungslage bis zu dem Punkt abzunehmen, an dem der Anschlussdraht mit dem Wicklungsdraht verlötet ist. Hier sitzen die Teile, die aussehen wie kleine Widerstände oder Dioden und meist durch einen Schrumpfschlauch nach außen isoliert sind.

> **Beachte** *Einlötsicherungen sind sicherheitsrelevante Bauteile, die nur gegen Sicherungen gleichen Werts ausgetauscht werden dürfen. Von einer Überbrückung per Lötkolben ist in jedem Fall abzusehen. Im Notfall kann anstelle einer filigranen Einlötsicherung auch eine Glassicherung entsprechenden Werts eingesetzt werden.* **Beachte**

Das aufwändige Nachwickeln von Spulen wird sich nur dann lohnen, wenn die Wicklung gut zugänglich und – wie im Falle spezieller Relais oder teurer Anker – kein Ersatzbauteil zu vernünftigen Preisen aufzutreiben ist. Es ist wichtig, dass der im Austausch verwendete Wicklungsdraht die gleiche Stärke aufweist (Schiebelehre verwenden, vergleichende Widerstandsmessung auf mehrere Meter Drahtlänge). Achten Sie beim Wickeln auf eine stramme, gleichmäßige Lage der Windungen und sorgen Sie auch sonst für eine gute Fixierung der Wicklung – gegebenenfalls durch Tränken mit Kunstharz, farblosem Lack o.ä. Bei Wicklungen, die heiß werden, ist Wachs oder Heißkleber keine gute Lösung. Bei Ankern besteht zusätzlich noch das Problem der Auswuchtung!

3

Kleine Bauteilkunde

71

Finger weg von Spulen mit Einstellkern

Versuche, Empfänger, Frequenzgeneratoren oder Filter per Versuch und Irrtum „blind" abzustimmen, machen das Gerät normalerweise unbrauchbar, selbst wenn man sich die Stellung des Kerns markiert hat. Oft hat danach auch der Fachmann keine Chance mehr.

Der Abgleich von Spulen, die zu Schwingkreisen (LC-Gliedern) oder Filtern gehören, erfordert in jedem Fall die begleitende Messung mit einem Oszilloskop und sollte nur von erfahrenen Elektronikern mit speziellem (eisenlosen) Abstimmwerkzeug vorgenommen werden. Abgestimmt wird entweder auf Maximum, Minimum (hierfür tut es zur Not auch ein Wechselspannungsmessgerät) oder eine bestimmte Signalform entlang eines im Schaltbild angegebenen Impulsdiagramms.

3

Relais und Reedschalter

Das *Relais* war das erste elektrisch gesteuerte Schaltelement der Elektronik und hat als solches nicht nur eine bewegte Geschichte[14] vor allem im Bereich des Telefonbaus, sondern auch eine enorme Vielfalt an Bauformen erreicht. Das Prinzip des Relais ist denkbar einfach: wird eine Spule von Strom durchflossen, erzeugt sie ein Magnetfeld, das durch einen Eisenkern verstärkt wird. Beim Relais wird ein Teil des Kerns durch einen beweglichen Anker gebildet, der im stromlosen Zustand durch eine Feder so gehalten wird, dass der Kern einen Luftspalt hat. Bei Anlegen eines Spulenstroms entsteht ein magnetisches Kraftmoment, das den Anker nicht nur fest an den Kern zieht, sondern auch per Hebel eine Reihe von Kontakten mechanisch betätigt. Wird der Haltestrom des Relais unterschritten, gewinnt die Federkraft wieder die Oberhand, und der Anker fällt zügig ab, mit der Folge, dass die Schaltfunktion sich wieder umkehrt.

Je nach Anforderung an die Schaltleistung und -eigenschaften findet man im Handel eine ungemein breite Palette an Bauformen, die vom Subminatur-Reedrelais bis hin zu massiven (Drehstrom-)Schützen mit mehreren hundert Ampere und Volt an Schaltleistung reichen. Die in elektronischen Geräten anzutreffende Bauform ist aber meist das konventionelle *Kammrelais* oder *Printrelais*, das Schaltleistungen bis zu 10 A und -spannungen bis

---

[14] So bestand der erste Computer von Konrad Zuse aus einem ganzen Wald von Telefonrelais

400 V verkraftet und für die üblichen Spulenspannungen (6, 9, 12, 24 V) überall im Handel erhältlich ist. Relais aus dem Kfz-Bereich sind hingegen auf eine Spulenspannung von 12 V (oder 24 V im LKW-Bereich) ausgelegt und weisen oft Schaltströme bis 50 A auf. Ein besonders kräftiges Relais ist übrigens der Magnetschalter des Anlassers, der regulär bis an die 150 A schafft.

Es gibt natürlich auch speziellere Ausführungen, die vom einfachen Bimetallrelais (thermische Überlastsicherung) über das Stromstoßrelais (dauerhaftes Umschalten bei kurzem Ankerhub à la Kugelschreibermechanik) bis hin zu komplexen Zählrelais reichen. Damit zählen natürlich auch die in Wasch- und Spülmaschinen älterer Bauart noch verbreiteten mechanischen Programmwahlschalter zu den Spezialrelais. Die Krönung an Komplexität sind wohl die von den Telefonbetreibern bis vor wenigen Jahren noch (in vielen Ländern heute noch) in ihren Vermittlungsstellen verwendeten Drehwähleraggregate.

Charakterisierung

Relais ermöglichen die galvanisch getrennte Schaltfunktion durch einen Steuerstromkreis, wobei die Schaltspannung und der Schaltstrom rein von der Bauart und nicht vom Steuerstrom abhängen. Auf der Steuerseite unterscheidet man zwischen einer *Schaltspannung* und einer *Haltespannung*. Die um einiges höhere Schaltspannung definiert sich dadurch, dass das Relais sicher und schnell schaltet, die Haltespannung, dass der Anker nach erfolgtem Schaltvorgang gerade nicht abfällt. Im Wechselstrombetrieb werden beide Spannungen noch etwas höher veranschlagt, damit kein Flattern des Relais als Folge des Nulldurchgangs der Spannung und der Ummagnetisierung des Kerns auftritt.

Aufseiten des geschalteten Stromkreises entscheidet der Kontaktabstand über die maximale Schaltspannung und die Beschaffenheit der Kontakte über den maximalen Schaltstrom. Das Produkt daraus ist die oft falsch interpretierte *Schaltleistung*.

Fehlerbilder

Relais unterliegen verschiedenen Formen der Alterung:

- Abbrennen der Schaltkontakte durch Lichtbögen – für das Schalten von Induktivitäten ist unbedingt ein Funkenlöschkondensator oder eine Kurzschlussdiode (bei Gleichstrom) erforderlich, sonst ist der Verschleiß enorm
- Verkleben der Schaltkontakte aufgrund von Kurzschlussströmen
- Oxidation der Schaltkontakte durch Feuchtigkeit und Alterung
- Durch Kernmagnetisierung im Gleichstrombetrieb bedingtes verschlechtertes Abfallverhalten (Abhilfe: Umpolung der Relaisspule)
- Durch Verschmutzung oder Korrosion schwergängig gewordene Ankermechanik
- Nachlassende Federspannung der Kontakte sowie der Ankerfeder.

Diagnose und Wartung

Die Relaisspule messen Sie mit einem Widerstandsmessgerät durch. Zur Überprüfung der Schaltfunktion eignet sich am besten das Gerät selbst.

➤ Das Vorhandensein der (richtigen) Schaltspannung an der Spule weisen Sie per Spannungsmessung am laufenden Gerät nach. Wird die Schaltfunktion mittels einer externen Schaltspannung geprüft, ist auf die richtige Polarität zu achten, da parallel zur Relaisspule meist eine Freilaufdiode (oft aber auch nur ein Kondensator) geschaltet ist.

➤ Bei richtiger Schaltfunktion muss sowohl beim Anziehen als auch beim Abfallen des Relais ein deutlich vernehmbarer kurzer Klick zu hören sein. Im Wechselspannungsbetrieb ist es normal, wenn das angezogene Relais ein leisen Summen von sich gibt. Ein sägendes Geräusch weist hingegen auf eine zu geringe Haltespannung oder Schwergängigkeit hin.

➤ Flattert das Relais oder schaltet es nicht sicher bzw. nur mit Verzögerung, sollten Sie es einer Wartung unterziehen, sofern das Steuersignal in Ordnung ist. Meist liegt dann ein Kontaktbrand vor.

➤ Die Schaltfunktionen lassen sich mit einem Widerstandsgerät durchmessen, indem Sie den Anker des Relais manuell mit einem geeigneten Werkzeug (auf Isolierung achten) auf den Kern drücken. Verbrannte, oxidierte, verbogene sowie schlecht schließende Kontakte sind aber auch gut mit dem bloßen Auge auszumachen. Dazu nimmt man das meist nur per Klemmarretierung befestigte Staubschutzgehäuse ab oder schraubt es (im Falle eines Schützes) auseinander. Vorsicht, damit keine Federn wegspringen und verloren gehen.

➤ Oxidierte Kontakte reinigen Sie mit Feinschleifpapier oder einer Nagelfeile kombiniert mit einem Schuss Kontaktspray. Bei mechanisch schwergängigen Relais tut auch manchmal ein wenig Fett auf die Anker- und Federwege Not (nicht auf die Kontakte!).

Abb. 3.12: verschiedene Relais – *von links nach rechts* offenes und geschlossenes Kammrelais, flache Kartenrelais und Miniaturrelais (Printrelais) und magnetische empfindliche Reedschalter

Reedschalter

Eine spezielle Variante von Relaisschaltern ist der *Reedschalter*. Es handelt sich dabei um einen Satz (meist zwei oder drei) in ein Glasröhrchen eingeschweißter Schaltkontakte, die als magnetisch aktive Federzungen ausgebildet sind und sich über einen externen Magneten oder über eine eigene Relaisspule (Reedrelais) schalten lassen. Aufgrund seiner Bauart kann der Reedschalter nur durch Permanent- bzw. Gleichstrommagnete unter Beachtung der Feldrichtung geschaltet werden. Entsprechend ist natürlich sein Anwendungsbereich:

➤ Endschalter für Schlitten oder motorbetätigte Hebel, Ventile oder Mechaniken

➤ Laufkontrolle von Bandführungen in Laufwerken etc.

➤ Zählgeber (Sensor) für die Drehzahlanzeige, -steuerung, allgemeine Zählung

➤ Gleichstromrelais (!) mit kurzer Schaltdauer für hohe Schaltfrequenzen.

Reedschalter brechen leicht bei mechanischer Belastung der in das Glasröhrchen eingegossenen Anschlussdrähte. Biegen Sie die Anschlussdrähte nicht zu nahe am Gehäuse und verwenden Sie zwei Zangen dazu. Defekte oder verbrannte Reedschalter erkennt man an Dunstspuren im Glaskörper. Das Ausmessen der Schaltfunktion geschieht per Widerstandsmessung und externem Magneten. Eine Reparatur des an sich recht billigen und in gut sortierten Elektronikläden in verschiedenen Größen erhältlichen Bauteils ist nicht möglich. Beim Austausch ist auf die magnetische Ausrichtung zu achten!

3.2 Aktive Bauelemente (Halbleiter)

Die Fülle der aktiven Bauelemente ist in den letzten beiden Jahrzehnten nahezu explodiert. Neben den traditionellen diskreten Bauelementen – Transistor und Diode und ihren vielen Abarten, deren Funktionen messtechnisch noch mit einfachen Mitteln zu erfassen und zu verifizieren sind – bestimmt heute aber in erster Linie der integrierte Schaltkreis das Geschehen. Klare Tendenz ist die immer weiter gehende Integration und Miniaturisierung komplexester Schaltfunktionen in Black-Boxes mit zig Beinchen.

Dioden

Dioden (Abbildung 3.13) sind Stromventile, die Strom nur in einer Richtung passieren lassen. Sie bestehen aus Halbleiterplättchen (meist Silizium), die in einem Diffusionsprozess künstlich verunreinigt (dotiert) sind und dadurch eine Kathode (N-dotierte Schicht) und eine Anode (P-dotierte Schicht) erhalten. Am Übergang dieser beiden Schichten, auch PN-Übergang genannt, bildet sich ein Grenzbereich aus, der Elektronen von der Kathode zur Anode passieren lässt, sobald die „Schleusenspannung" (typisch 0,7 Volt) überschritten ist. Bei umgekehrter Polung, Plus an der Anode und Minus an der Kathode, lässt der Grenzbereich (fast) bis zum Erreichen der sogenannten *Durchbruchsspannung* keine Elektronen passieren – die Diode sperrt. Für den Betrieb mit Wechselspannung bedeutet das, dass die Diode als „Gleichrichter" fungiert und jeweils für eine Halbwelle durchlässig ist und für eine nicht (Abbildung 3.14).

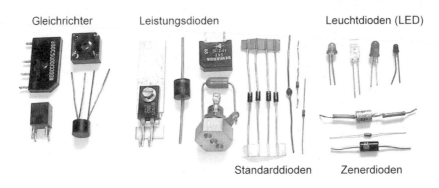

Abb. 3.13: verschiedene Arten von Dioden

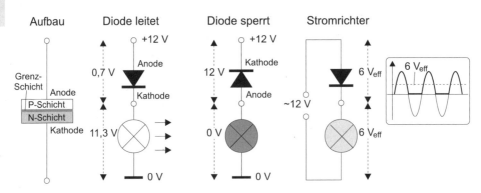

Abb. 3.14: Diode – *links* PN-Schicht und Aufbau; *mitte* Diode im Gleichstromkreis; *rechts* Diode als Gleichrichter im Wechselstromkreis

Dioden gibt es im Handel in tausenderlei Ausführungen mit den verschiedensten Spannungs- und Stromfestigkeiten aber auch Durchgangscharakteristiken. Die typischen Arbeitswerte findet man in speziellen Datenbüchern, die häufig auch Vergleichstypen angeben. Die Bezeichnung gibt meist wenig Hinweis auf diese Werte (vgl. Tabelle A.1 im Anhang), in manchen Fällen jedoch sehr wohl, wenngleich etwas kryptisch. Dioden bis etwa 3 Ampere Belastbarkeit sind in zylinderförmige Kunststoffgehäuse eingegossen und bedürfen noch keiner expliziten Kühlung. Erst Dioden mit größerer Strombelastbarkeit sitzen in einem Metallgehäuse oder haben zumindest einen metallischen Rücken (Kathode) und benötigen für die volle Leistung zusätzlich noch einen Kühlkörper. Der Kathodenanschluss ist durch einen Farbring, ein Diodensymbol oder durch ein rundes Gehäuseende gekennzeichnet (vgl. Abbildung 3.15).

Dioden durchmessen

„Durchgeschlagene" Dioden sind mit die häufigsten Defekte in elektronischen Geräten. Als Fehlerursache kommen immer Überspannungen, hervorgerufen durch Spulen mit Wackelkontakt oder Blitzeinschläge ins öffentliche Stromnetz oder Überströme durch Kurzschlüsse oder Überlastung in Betracht. Eine Materialermüdung ist eher nicht zu befürchten. Das Durchmessen einer Diode kann im Widerstandsmessbereich eines herkömmlichen Analogmessgeräts geschehen oder mit Hilfe eines (digitalen) Transistor/Dioden-Testers (Abbildung 3.15). Digitale Billigmessgeräte sind dagegen für die Messung meist ungeeignet, da ihre Messspannungen häufig nicht ausreichen, um den PN-Übergang nachzuweisen.

Hier eine Beschreibung des Messvorgangs mit einem analogen Vielfachgerät:

1. Die Messung wird zunächst im unausgebauten Zustand vorgenommen, ein Ausbau erfolgt erst bei Verdacht auf einen Messfehler oder festgestellten Defekt.

2. Stellen Sie den Messbereich $\times \Omega$ oder $\times 10~\Omega$ ein.

3. Führen Sie die eine Messspitze (meist: Minus oder COM, bei manchen Messgeräten auch Plus oder Ohm) an die Kathode und andere an die Anode. Das Messgerät darf keinen Ausschlag zeigen, wenn die Diode sperrt.[15]

4. Vertauschen Sie jetzt die Polung und wiederholen Sie die Messung. Das Messgerät müsste nun den Durchgang als mittleren Ausschlag anzeigen, der von Messgerät zu Messgerät, aber auch von Diode zu Diode, leicht unterschiedlich sein kann. Alle anderen Messergebnisse verweisen auf eine defekte Diodenstrecke oder einen Messfehler durch parallelliegende Widerstände. Die Messung sollte dann auf alle Fälle nach Ausbau der Diode wiederholt werden.

Es versteht sich, dass Sie auf diese Weise auch herausfinden können, wo Kathode und Anode gelegen sind bzw. wie Ihr Messgerät gepolt ist. Beachten Sie, dass sich der Durchgang oft bei vermeintlich „falsch gepolten" Messspitzen zeigt (vgl. Abbildung 3.15).

---

[15] Die Polarität der Messspannung ist bei den Messgeräten leider nicht genormt und oft genau anders herum, als man es erwarten würde (vgl. Abbildung 3.15). Ein Durchgang zeigt sich dann, wenn Minus an der Anode und Plus an der Kathode anliegt. Am besten, Sie testen anhand einer intakten Diode aus, wie sich Ihr Messgerät hier verhält.

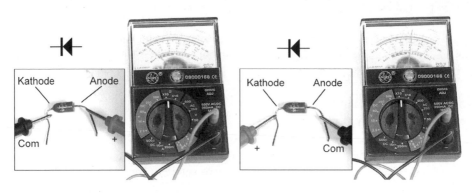

Abb. 3.15: Ringkodierung der Adern im Telefonkabel der Telekom

Vierweggleichrichter

Eine explizit oder implizit in jedem Netzteil zu findende Diodenschaltung ist der *Vierweggleichrichter* oder *Brückengleichrichter* (Abbildung 3.13). Er überführt nahezu verlustlos Wechselspannung in (wellige) Gleichspannung und besteht aus vier Dioden in Brückenschaltung. Der Strom nimmt während der positiven Halbwelle den Weg über das eine Diodenpärchen und während der negativen Halbwelle den Weg über das andere Diodenpärchen (Abbildung 3.16).

Schaltsymbol

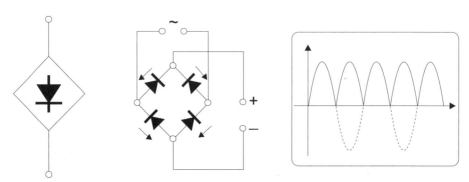

Abb. 3.16: Vierweggleichrichtung – Schaltsymbol, Schaltung und Spannungsdiagramm

Um einen Brückengleichrichter zu prüfen, messen Sie die Dioden am besten einzeln in beiden Polaritäten durch. Es kommt leider recht oft vor, dass eine Diode in einem Brückengleichrichter durchschlägt und Wechselspannung zum Plus oder Minuspol hin durchlässt. Da die Schaltung dann bei einer der beiden Halbwellen wie ein Kurzschluss wirkt, fällt im Allgemeinen die Gerätesicherung und verhindert größeren Schaden. Bei fehlender Gerätesicherung ist hingegen die Wicklung des Transformators gefährdet bzw. fällig.

Zenerdiode

Zenerdioden sind vom Prinzip her vollwertige Dioden. Ihr Wirkungsprinzip macht sich aber zusätzlich eine spezielle Eigenschaft des PN-Übergangs zunutze – nämlich das „Durchbrechen" der Grenzschicht, wenn die Spannung im Sperrbetrieb einen typischen Wert übersteigt. Sobald die Spannung wieder unter die *Zenerspannung* sinkt, sperrt die Diode wieder. Wir haben es bildlich gesprochen also mit einem „Fass zu tun, das überläuft, wenn es zu voll wird". Eine Zenerdiode wird somit in Sperrrichtung betrieben und lässt immer so viel Strom durch, dass die Spannung gerade bis zur Zenerspannung abfällt. Ist die anliegende Spannung niedriger, sperrt die Zenerdiode wie jede andere Diode. Um den Strom durch eine Zenerdiode zu begrenzen, ist ihr meist ein Widerstand vorgeschaltet (vgl. Abbildung 3.17, rechts)

Zenerdioden eignen sich gut zur Erzeugung von Referenzspannungen, etwa in spannungsstabilisierten Netzgeräten. Abbildung 3.17 zeigt das Schaltsymbol, das typische Strom/Spannungs-Diagramm und eine Spannungsstabilisierung, wie sie in einfacheren Netzgeräten Verwendung findet.

Die Prüfung von Zenerdioden entspricht der Prüfung gewöhnlicher Dioden. Defekte zeigen sich als Kurzschluss oder Unterbrechung in beiden Richtungen. Da durchgeschlagene Zenerdioden ein häufiger Reparaturgrund sind, sollten Sie ihrer sorgfältigen Prüfung große Priorität einräumen. Dass sich die Zenerspannung einer Zenerdiode geändert hätte, habe ich persönlich noch nicht erlebt, mit einer Spannungsmessung an der Diode im laufenden Gerät sind Sie aber auf der sicheren Seite.

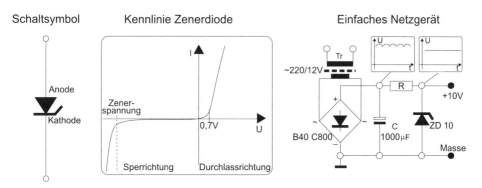

Abb. 3.17: Zenerdiode – Schaltsymbol, Strom/Spannungsdiagramm, spannungsstabilisiertes Netzgerät

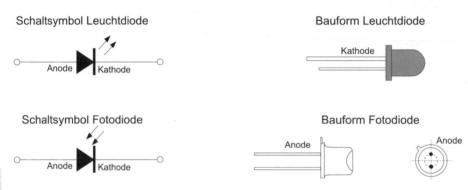

Leuchtdioden

Bei dieser Art von Dioden handelt es sich um spezielle Halbleiterdioden mit Kunstharz-linsen, die – in Durchlassrichtung betrieben – Licht einer bestimmten Wellenlänge aus-senden (Abbildung 3.13). Die Betriebsspannung liegt typisch bei 1,6 V und der Strom zwischen 20 und 100 mA. Die Kathode lässt sich einfach durch Messung ermitteln (vgl. Seite 77).

Abb. 3.18: Leuchtdiode und Fotodiode: Schaltbild und Bauform

Merke

Die an sich verschleißfreien Leuchtdioden zeigen messtechnisch das-selbe Verhalten wie eine Diode. Mit Analogmessgeräten und Transi-stortestern (nicht jedoch mit billigen Digitalvielfachmessgeräten) kann der Leuchteffekt im Widerstandsmessbereich direkt nachgewie-sen werden, wenn die Leuchtdiode in Durchlassrichtung gemessen wird.

Tipp

Leuchtdioden eignen sich hervorragend als Fotodioden etwa für ein-fache Hell und Dunkelschalter. Sie sind nicht nur wesentlich billiger, sondern durch ihre Färbung auch bereits auf bestimmte Wellenlängen (Farben) abgestimmt.

Fotodiode

Halbleitermaterialien sind grundsätzlich lichtempfindlich und deshalb meist in lichtun-durchlässige Gehäuse eingegossen. Die Fotodiode (vgl. Abbildung 3.18) nutzt diesen Ef-fekt und kann – im Gegensatz zum relativ trägen Fotowiderstand – selbst extrem kurze Lichtschwankungen erfassen. Bei Dunkelheit weist die in Sperrrichtung betriebene Fotodiode eine völlig normale Diodencharakteristik auf (vgl. sinngemäß Abbildung 3.17 mitte). Unter Beleuchtung nimmt der Sperrwiderstand jedoch proportional zur Lichtstärke ab, und die Diode fängt ab einer gewissen Lichtstärke sogar an, selbst Spannung (Minus an Kathode, Plus an Anode) zu liefern.

Optokoppler

Optokoppler sind eine Kombination aus Leuchtdiode und Fotodiode (Fototransistor). Ihr Einsatzgebiet liegt in der potenzialfreien Signalkopplung (geschlossener Aufbau, z.B. Regelkreiskopplung in Schaltnetzteilen) und in der Zustandserfassung mechanisch bewegter Teile (offener Aufbau, z.B. „Endschalter" in CD- und Videoauswurfmechanismen).

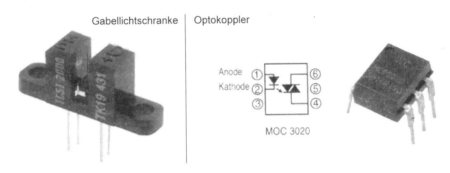

Abb. 3.19: Optokoppler eignen sich für Endschalter und die potenzialfreie Signalkopplung (Fotos aus Conradkatalog 2001)

Diese selten defekten Bauteile (Abbildung 3.19) lassen sich mit Hilfe zweier Analogmessgeräte durchmessen. Eines misst die Sendediode, das andere gleichzeitig die Empfängerdiode. Wenn die Sendediode in Durchlassrichtung gemessen wird, müsste die Empfängerdiode in Sperrrichtung niederohmig werden.

Diac

Bei einem Diac handelt es sich im Prinzip um zwei antiparallel geschaltete *Vierschichtdioden* (PNPN) mit spezieller Charakteristik. Die Durchbruchsspannung ist aufgrund der Anordnung unabhängig von der Polariät (Wechselstrombetrieb) und liegt typisch zwischen 20 und 30 Volt. Diese Eigenschaften prädestinieren das Bauelement als Zündelement für Triacs in Phasenanschnittsteuerungen (vgl. beispielsweise [7] und [8] im Literaturverzeichnis).

81

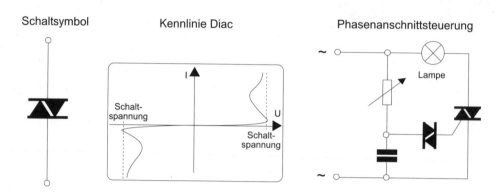

Abb. 3.20: Diac – Schaltsymbol, Kennlinie und Phasenanschnittsteuerung

Tab. 3.1: Bezeichnungssystematik für Dioden (nicht vollständig)

Bezeichnung*)	Art
A ...	Germaniumdioden
AA ...	Kleinsignaldiode (Germanium)
B ...	Siliziumdiode
BA. ...	Kleinsignaldiode (Silizium)
BB ...	Kapazitätsdiode (Silizium)
BP ...	Sende-Leuchtdiode
BY ...	(Hoch-)Leistungsdiode (Silizium)
BZ ...	Zenerdiode (geringe Verlustleistung)
CN ...	Optokoppler
LD ...	Infrarot-Sendediode
P	Hochleistungsdiode
PC ...	Optokoppler
SKE ...	Gleichrichterdiode
SFH ...	Infrarot-Empfängerdiode
Z ...	Zenerdiode
ZD ...	Zenerdiode (1,3 Watt)
1N	Diode (verschieden, japanisch)

*) Abweichende Bezeichnungen sind möglich.

Transistoren

Der Transistor ist das Arbeitspferd der Elektronik. Als aktives Verstärkerelement kleiner Baugröße und Verlustleistung hat er die Röhre nachhaltig verdrängt, wiewohl er in seiner Erscheinungsform als diskretes Bauelement inzwischen seinerseits von den Integrierten Schaltkreisen (IC) verdrängt wird.

Charakterisierung

Der interne Aufbau (vgl. Abbildung 3.21 links) zeigt, dass es sich beim Transistor um eine Art „Doppeldiode" mit zwei Grenzschichten – eine zwischen Basis und Emitter und eine zwischen Basis und Kollektor – handelt. Das legt auch sofort die zwei möglichen Bauformen nahe, nämlich den PNP-Transistor und den NPN-Transistor. Da die Basisschicht extrem dünn ausgebildet ist (typisch 0,02 bis 0,05 mm) kann ein geringer Steuerstrom zwischen Basis und Emitter einen um ein Vielfaches (typisch Faktor 100 bis 500) größeren Stromfluss zwischen Kollektor und Emitter regulieren.

Schaltungsarten

In Emitterschaltung betrieben (vgl. Abbildung 3.21 mitte) wirkt der Transistor als Spannungs- und Stromverstärker mit 180° Phasendrehung des Signals. In Kollektorschaltung (auch treffender als *Emitterfolger* bezeichnet – vgl. Abbildung 3.21 rechts) ergibt sich dagegen eine Spannungsverstärkung von etwa 1 (also keine), aber eine beträchtliche Stromverstärkung ohne Phasendrehung. Das rührt daher, dass der Kollektor-Emitterwiderstand entsprechend sinkt, sobald das Potenzial zwischen Basis und Emitter die Schleusenspannung von 0,7 Volt[16] übersteigt. Damit passt sich die Emitterspannung relativ unabhängig vom Stromfluss zwischen Kollektor und Emitter immer an die Basisspannung (abzüglich der Schleusenspannung) an.

> **Merke**
>
> *Als Faustregel für die Analyse von Transistorschaltungen können Sie sich merken, dass mit gering steigender Spannung zwischen Basis und Emitter der Widerstand zwischen Kollektor und Emitter stark abnimmt und umgekehrt.*

Der PNP-Transistor verhält sich – theoretisch gesehen – völlig komplementär zum NPN-Transistor, nur dass der Strom durch die Basis/Emitter-Strecke und Kollektor/Emitter-Strecke in der umgekehrten Richtung fließt. Der NPN-Transistor wird daher vornehmlich

---

16 Dieser Wert gilt generell für Siliziumtransistoren. Germaniumtransistoren, deren Einsatzbereich heutzutage nur noch im extremen Hochfrequenzbereich liegt, besitzen eine Schleusenspannung von typisch 0,3 Volt.

in Schaltungen eingesetzt, die den Minuspol der Stromversorgung mit Masse identifizieren (was den Löwenanteil ausmacht), und der PNP-Transistor im umgekehrten Fall. Die Komplementarität nutzt man insbesondere für diskret aufgebaute Verstärkerendstufen aus, die nach dem Gegentaktprinzip arbeiten (vgl. Abschnitt „Leistungsendstufen", Seite 113).

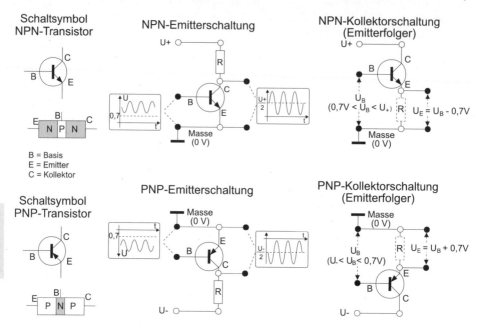

Abb. 3.21: Schaltsymbole, Emitterschaltung und Kollektorschaltung für NPN- und PNP-Transistoren – in Emitterschaltung verstärkt der Transistor sowohl Strom als auch Spannung und kehrt die Phase um; in Kollektorschaltung fungiert der Transistor als reiner Stromverstärker und bewirkt keine Phasendrehung.

Transistor durchmessen

Das Durchmessen eines Transistors geschieht analog zum Durchmessen von Dioden (vgl. Seite 77).

1. Am besten messen Sie zuerst von der Basis aus – alle vier Möglichkeiten. Wenn Sie nicht wissen, wo die Basis ist, kein Problem: Sie wird durch Messung eindeutig identifiziert. Sowohl zwischen Basis und Emitter als auch zwischen Basis und Kollektor muss sich eine normale Diodenstrecke nachweisen lassen. Bei NPN-Transistoren zeigt sich ein typischer PN-Durchgang, wenn die schwarze Messspitze (COM bzw. Minus) des analogen Vielfachmessgeräts an die Basis (!) geklemmt wird, bei PNP-Transistoren ist die Polung genau anders herum.

Abb. 3.22: Ausmessen eines NPN-Transistors – das hier verwendete Analogmessgerät zeigt etwa 60% Durchgang (weitgehend unabhängig von der Messempfindlichkeit), wenn die rote Messspitze (Plus) auf N-dotierten Anschluss und die schwarze Messspitze (Com) auf P-dotierten Anschluss gehalten wird; bei anderem Messergebnis ist der Transistor im Allgemeinen defekt (Polung kann auch anders herum sein, daher an Diode testen!)

2. Nun überzeugen Sie sich davon, dass die Kollektor/Emitter-Strecke in beiden Richtungen sperrt.

3. Wenn eines der sechs Messergebnisse (vgl. Abbildung 3.22) nicht ins Bild passt, ist der Transistor defekt, oder aber Sie haben gar keinen Transistor bzw. eine Spezialausführung (etwa ein Triac oder einen Thyristor) vor sich. Sie müssen das dann anhand einer Datentabelle oder des Schaltplans feststellen. Eine gute Quelle für solche Informationen ist das Lieferprogramm der Berliner Firma Segor Electronics, das unter *http://www.segor.de* zum Download bereitsteht.

> *Merke* *Merke*
>
> ### *Anschlussbelegung und Art eines Transistors ermitteln*
>
> *Natürlich können Sie durch Messung auch feststellen, ob Sie einen PNP- oder NPN-Transistor vor sich haben bzw. welcher Anschluss die Basis ist. Der Anschluss, von dem aus Sie zu den beiden anderen Anschlüssen einen PN-Übergang finden, ist die Basis. Der Kollektor liegt bei vielen Transistoren am Gehäuse, sofern sie ein Metallgehäuse oder einen Metallschuh für ein Kühlblech besitzen[17] – Vorsicht also bei der Spannungsmessung, dass Sie keine Kurzschlüsse verursachen.*
>
> *Merke* *Merke*

Diagnose

Um festzustellen, ob ein Transistor defekt ist, gehen Sie wie folgt vor:

1. Begutachten Sie das Bauteil, ob es Verfärbungen an der Beschriftung oder am Gehäuse zeigt. Oft nur mit der Lupe gut zu sehende Krater oder Haarrisse sind sichere KO-Kriterien für einen Transistor, selbst wenn er messtechnisch noch intakt erscheint.

2. Messen Sie den Transistor im ausgeschalteten Gerät zunächst ohne Ausbau – wie im vorigen Abschnitt beschrieben. Sofern er das erwartete Verhalten zeigt, dürfte er mit etwa 95% Sicherheit noch intakt sein – natürlich kann auch das nähere Schaltungsumfeld einen intakten PN-Übergang vortäuschen, wo keiner ist. Ein fehlender PN-Durchgang oder ein Messwert von 0 Ω ist hingegen ein sicherer Hinweis auf einen Defekt (sofern das Bauteil ein Transistor ist). Verdächtig ist auch ein messbarer Durchgangswiderstand in einer der vier Sperrrichtungen sowie unterschiedliche Messergebnisse für die beiden PN-Durchgänge – solche Ergebnisse sind aber oft durch die Schaltung verfälscht.

3. Falls der Transistor auf ein Kühlblech montiert und eine Isolation (Glimmerscheibe o.ä.) zwischen Kühlblech und Gehäuse vorhanden ist, sollten Sie messen, ob Sie hier

---

[17] HF-Transistoren in Metallgehäusen hingegen besitzen vier Beinchen. Das vierte Beinchen ist dann der Gehäusekontakt (Abschirmung).

eventuell einen Durchgang feststellen können. In diesem Fall wäre die Isolierung durchgeschlagen (ein häufiger Defekt in Schaltnetzteilen oder Horizontalstufen von Fernsehgeräten oder Monitoren). Solche Fehler ziehen meist weitere Fehler nach sich, sind selbst aber nicht immer zu messen, sondern fallen nur bei Inaugenscheinnahme der Isolierung auf.

4. Selbst bei geringsten Verdächten sollten Sie sich den Transistor genauer vornehmen und ihn komplett oder zumindest zwei seiner Anschlüsse auslöten.

Diese statische Diagnose hat eine recht hohe Aussagekraft. Es versteht sich jedoch, dass schleichende Defekte wie Rauschneigung oder thermische Probleme mit dieser Methode nicht auszumachen sind. Zum Auffinden von Rauschquellen benötigen Sie ein Oszilloskop, der Nachweis thermischer Effekte geht dagegen gut mit „Hausmitteln".

Thermische Defekte auffinden

Thermische Defekte an einem Bauteil finden Sie mit thermischen Mitteln: Kältespray und Fön (bei entsprechender Vorsicht, auch Lötkolben). Betreiben Sie das Gerät so lange, bis der „Effekt" auftritt – helfen Sie notfalls mit einem Fön etwas nach. Zielen Sie mit dem Röhrchen des Kältesprays auf das Gehäuse des Transistors und drücken Sie kurz (das Zeug ist teuer) ab. Verschwindet der Effekt, war es ein Schuss ins Schwarze. Mit dieser Methode können Sie in kurzer Zeit viele Transistoren antesten – häufig haben aber auch andere Bauteile oder Leiterbahnen ein thermisches Eigenleben. Vermeiden Sie jedoch die Schockkühlung heißer Bauelemente (Widerstände, Leistungstransistoren), da die dabei auftretenden thermischen Spannungen das Bauteil auch zerstören können.

Fehlerbilder

Transistoren und ihre Abarten äußern ihre Fehlerbilder teilweise recht „kreativ". Sie reichen von durchgebrannten Sicherungen und Widerständen, starker Hitzeentwicklung mit Absonderung übler Gerüche, geknacktem Gehäuse, lustigen Schwingungen, die oft wie Synthesizer-Effekte klingen, Rauschen, Brummen und schlichter Funktionsverweigerung bis hin zu handfesten Brandschäden. Thermisch instabile Transistoren neigen darüber hinaus dazu, den Besitzer des Geräts oft stundenlang im Ungewissen zu lassen, ob der Fehler nun noch da ist oder wundersamerweise verschwunden.

Bezeichnungen

Oft ist es nicht leicht, einen Transistor als solchen zu erkennen. Die drei Beinchen als Kriterium reichen eben nicht völlig aus. Tabelle 3.2 gibt Hinweise über die Systematik der Bezeichnungen, ist aber angesichts der Fülle der im Handel befindlichen Transistoren nur ein Tropfen auf dem heißen Stein.

Tab. 3.2: Bezeichnungssystematik für Dioden (nicht vollständig)

Bezeichnung*[)]	Art (NPN und PNP)
AC	Kleinsignaltransistor (Germanium)
AD	Leistungstransistor (Germanium)
AF	Hochfrequenztransistor (Germanium, meist 4-beinig)
AN	Signaltransistor (japanisch)
BC	Kleinsignaltransistor (Silizium)
BD. ...	Leistungstransistor (Silizium)
BDX ...., BDY ...	Leistungsschalttransistor
BF	Hochfrequenztransistor (Silizium, evtl. 4-beinig), auch Leistungstransistor, oder FET
BSX ...., BSY ...	Schalttransistor
BU	Hochspannungsleistungstransistor (Silizium)
BTS ..., BUZ ..., IRF ...	Hochleistungs-MOSFET
TIP ...	Leistungstransistor, Schalttransistor (Silizium)
2S	Signaltransistor (japanisch), auch Leistungstransistor
2N	Keine Aussage möglich (meist jedoch Transistor oder FET)
78xx, 79xx	Spannungskonstanter (IC)

*[)] Ausnahmen sind möglich. Punkte stehen für die weitere Bezeichnung: Vor den Leerzeichen kann ein weiterer Buchstabe folgen, nach dem Leerzeichen folgen Ziffern und evtl. ein abschließender Buchstabe.

SOT9   TO3   TO39   TO247   TO220   TO202   TO126 TOP3 TO92

Abb. 3.23: Die wichtigsten Gehäusearten für Transistoren

Anschlussbelegung

Die Anschlussbelegung von Transistoren ist ein leidiges Kapitel. Sie können davon ausgehen, dass die in Abbildung 3.24 gezeigten Gehäusearten die gängigsten Anschlussbelegungen widerspiegeln. Die Hersteller nehmen es hier nicht so genau mit der Systematik, sodass speziell Transistortypen in Kunststoffgehäusen durchaus abweichende Belegungen aufweisen können.[18] In vielen Fällen kann der Kollektor durch Messung zwischen Gehäuse und den Anschlussdrähten ermittelt werden (die Basis ist ohnehin klar) – es müssten sich dann 0 Ω ergeben.

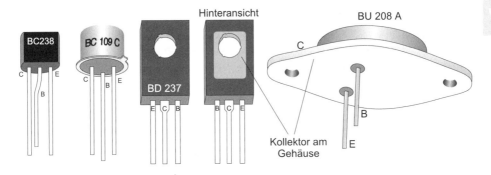

Abb. 3.24: Bauformen und Anschlussbelegung verschiedener Transistorgehäuse

Praxistipps: Austausch von Transistoren

➤ Wie Dioden sind Transistoren recht überlastempfindlich, selbst gegen kürzeste Spannungs- und Stromspitzen (auch beim Löten ist Vorsicht vor thermischer Überlastung

---

[18] Die Gehäuse sind natürlich genormt und wenn Sie den Gehäusetyp eines Transistors kennen, können Sie auch die Belegung nachschlagen (Internet!). Das Problem ist aber, dass einige Gehäuse trotz unterschiedlichen Bezeichnungen zwar gleich aussehen, aber dennoch verschiedene Anschlussbelegungen haben. Der rein visuelle Vergleich liefert daher keine sicheren Ergebnisse.

geboten). Sie stehen daher in der Fehlerursachenstatistik zusammen mit Dioden an zweiter Stelle, gleich nach „kalten Lötstellen".

➤ Kleine Standardtransistoren mit „harmlosen" Funktionen lassen sich oft gegen Universaltypen eintauschen – allerdings dürfen Sie dabei nicht PNP- mit NPN-Ausführungen verwechseln (Datentabelle zu Rate ziehen).

➤ Transistoren können thermisch instabil werden und nach einer gewissen Erwärmungsphase „driften" oder ganz aussetzen. Dies geschieht zwar selten, stellt aber z.B. in Hochfrequenzschaltungen doch eine ernst zu nehmende Fehlerquelle dar. Warten Sie in solchen Fällen ab, bis das Fehlerbild auftritt, und benutzen Sie dann ein Kältespray, um die Bauteile des verdächtigen Moduls thermisch etwas zu schocken. Das instabile Bauteil wird auf seine Weise darauf antworten.

➤ Leistungstransistoren und Hochleistungstransistoren sitzen auf Kühlblechen oder -körpern. Zur Verbesserung des thermischen Kontakts verwendet man spezielle, im Fachhandel erhältliche Wärmeleitpaste, die Sie beim Austausch sparsam und gleichmäßig auftragen sollten.

➤ Wenn mehrere Transistoren auf dasselbe Kühlblech montiert sind, muss der Kühlkörper von den Kollektorpotenzialen isoliert werden, damit er keine leitende Verbindung darstellt. Die Flächenisolierung übernehmen dann hauchdünne (und leicht zerbrechliche) Glimmerscheiben, und Isolierbuchsen halten die Befestigungschrauben auf Abstand. Auf keinen Fall dürfen Sie diese Isolationen beim Austausch beschädigen, weglassen oder falsch montieren. Zudem empfiehlt sich oft ein Austausch der Glimmerscheibe, wenn der Verdacht naheliegt, dass sie einen Isolationsdefekt besitzt. So mancher kritische Blick hat schon in einem winzig kleinen Brandloch auf einer Glimmerscheibe die endgültige Ursache für einen Gerätedefekt ausmachen können und sinnlose „Materialopfer" verhindert.

Darlington-Transistor

Bei einem Darlington-Transistor handelt es sich um zwei kaskadierte Transistoren mit gemeinsamem Kollektor, die nach außen hin wie ein einfacher Transistor wirken, dabei aber eine multiplizierte Spannungs- und Stromverstärkung aufweisen. Abbildung 3.25 zeigt die Darlingtonschaltung und ihre Schaltsymbole.

Schaltsymbol PNP-Darlingtontransistor   NPN-Darlingtonschaltung

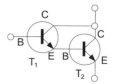

Abb. 3.25: Darlingtonschaltung – *links* Schaltsymbole von Darlington-Transistoren; *rechts* diskret aufgebaute Darlingtonschaltung

90

Das Messbild von Darlington-Transistoren weicht von dem einfacher Transistoren etwas ab: Da zwischen Basis und Emitter zwei PN-Übergange existieren, ist hier nur ein halber PN-Ausschlag zu erwarten. Nachdem die Verbindung zwischen Emitter und Basis nicht aus dem Gehäuse herausgeführt ist, kann ein Darlington-Transistor auch Defekte haben, die nicht mit dem Widerstandsmessgerät nachweisbar sind.

Feldeffekttransistor (FET)

Der FET ist ein Spezialtransistor, der sich dadurch auszeichnet, dass er wie die klassische Röhre nur einen sehr geringen Steuerstrom benötigt und dadurch eine unglaublich hohe Stromverstärkung erreicht. Diese Eigenschaft prädestiniert ihn für die Anwendung in empfindlichen Vorverstärkern und Tunern, bei denen oft eine hohe Eingangsimpedanz (Eingangswiderstand) gefragt ist. Die Anschlüsse des FET werden mit G (*Gate* = Basis), S (*Source* = Emitter) und D (*Drain* = Kollektor) bezeichnet, und es gibt ihn in den Ausführungen P-Kanal und N-Kanal. Der normale, „selbstleitende" N-Kanal-FET leitet zwischen S und D, wenn G das Potenzial von S besitzt. Bekommt G dagegen negatives Potenzial gegenüber S (gegenüber D ist G sowieso negativ) erhöht sich der Widerstand zwischen D und S. Umgekehrt arbeitet der „selbstsperrende" N-Kanal-FET im Wesentlichen wie ein NPN-Transistor – sperrt also, wenn G das Potenzial von S hat und leitet, wenn G gegenüber S positiv wird. Abbildung 3.26 zeigt die Schaltsymbole. Spezielle Ausführungen sind die MOS-FETs. Ihre leicht veränderten FET-Eigenschaften (verschwindend geringer Steuerstrom) sind speziell in der Digitaltechnologie sehr gefragt.

Schaltsymbole für selbstleitende FETs

N-Kanal-FET   P-Kanal-FET   N-Kanal-MOSFET   P-Kanal-MOSFET

Schaltsymbole für selbstsperrende FETs

N-Kanal-MOSFET   P-Kanal-MOSFET

Abb. 3.26: Schaltsymbole für Feldeffekttransistoren

Die Fülle der FETs ist eher verwirrend, und das Messgerät kann nur bei selbstleitenden FETs einen mittleren Widerstand von einigen hundert Ohm zwischen D und S in beiden Richtungen nachweisen. Die anderen vier Kombinationen müssen hochohmig sein.

Selbstsperrende FETs liefern in allen sechs Kombinationen hochohmige Messwerte. Der Funktionstest eines FET kann daher nur durch Anlegen von Spannungen in einer Messanordnung sichere Ergebnisse liefern.

Thyristor und Triac

Der Thyristor (vgl. Abbildung 3.27) ist ein elektronischer Schalter mit den drei Anschlüssen A (Anode), K (Kathode) und G (Gate). Sobald der Steuerstrom zwischen G und K einen typischen Wert überschritten hat, „zündet" der Thyristor und beginnt schlagartig – wie eine Diode – zwischen K und A zu leiten. Der niederohmige Zustand bleibt – unabhängig davon, ob weiterhin Steuerstrom fließt oder nicht – so lange bestehen, bis der sogenannte *Haltestrom* unterschritten ist. Dieses Verhalten macht den Thyristor besonders für Phasenanschnittsteuerungen im Zusammenhang mit Wechselstrom attraktiv. Damit sowohl die negative als auch die positive Halbwelle auf diese Weise geschaltet werden können, verwendet man in der Praxis einen Triac, der aus zwei antiparallel geschalteten Thyristoren mit gemeinsamem Gate besteht. Üblicherweise arbeitet der Triac mit einem Diac zusammen, dessen Aufgabe es ist, den Triac bei Erreichen einer definierten Zündspannung zu zünden. Viele der handelsüblichen Triacs besitzen daher bereits einen integrierten Diac. Abbildung 3.20 rechts zeigt die Prinzipschaltung eines Leistungsreglers nach dem Prinzip der Phasenanschnittsteuerung, wie sie für einfache Dimmer Verwendung findet.

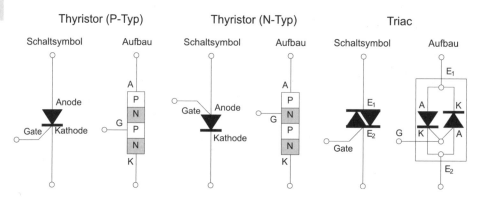

Abb. 3.27: Thyristor und Triac – Aufbau und Schaltsymbole

Die charakteristischen Größen für Thyristoren und Triacs sind: Spitzenspannung (typisch 100 – 1000 V), Spitzenstrom (typisch 1 bis 10 A) und Haltestrom (typisch 20 – 100 mA). Das Ohmmessgerät kann bei Thyristoren nur den PN-Übergang zwischen G und K (P-Typ) bzw. zwischen G und A (N-Typ) nachweisen. Bei Triacs zeigen beide Polungen zwischen G und E_2 den typischen PN-Durchlasswiderstand. Durchgeschlagene Thyristoren liefern Messwerte von wenigen Ohm zwischen A und K und durchgeschlagene Triacs zwischen E_1 und E_2 und/oder zwischen E_2 und E_1. (Wie zu erwarten, gibt es auch das Fehlerbild „halb durchgeschlagener Triac". In diesem Fall ist nur eine Thyristorstrecke defekt, was den Effekt hat, dass Lampen nur noch zwischen 50% und 100% Helligkeit regelbar sind.)

Integrierte Schaltkreise (ICs)

Integrierte Schaltkreise, kurz ICs oder IS genannt, sind teilweise hochkomplexe Schaltungsmodule mit Myriaden von Transistoren, Dioden, Widerständen und sogar Kondensatoren auf einem Halbleiter-Chip. Eingegossen in Kunststoff- oder Keramikgehäusen besitzen sie zwischen sechs und oft bis zu hundert Beinchen. Die Standardausführung ist das sogenannte *DIP-Gehäuse*[19], das diesen Bauteilen den Spitznamen „Schwarzer Käfer" eingebracht hat. Ihre Funktion gleicht dem Prinzip der Blackbox: der Hersteller definiert die Funktion sowie die Schnittstelle zur umliegenden Schaltung; das tatsächliche Innenleben ist in der Regel uninteressant. In der Tat erweisen sich ICs für den Reparaturbetrieb oft als „Schwarze Löcher", da mit einfachen Mitteln (Vielfachmessgerät) eigentlich keine richtige Aussage mehr über ihr Funktionieren getroffen werden kann. Da bleiben als einzige Hilfsmittel der probeweise Austausch und die Verwendung des Oszilloskops (beispielsweise, wenn der Schaltplan Impulsdiagramme anbietet).

Inzwischen hat die Digitaltechnik nachhaltig Einzug in das traditionell analoge „Geschäft" der Unterhaltungselektronik genommen. CD-Player, DAT-Recorder, Fernsehapparate und elektronische Musikinstrumente bestehen heute eigentlich nur noch aus digitalen Bauelementen, von sensorischen und motorischen Schnittstellen einmal abgesehen. Aber auch bei nicht auf digitaler Technologie beruhenden Geräten, wie gewöhnlichen Cassetten- oder Videorecordern, Kompaktanlagen, Verstärkern, Klangreglern, ja selbst Toastern und anderen Küchengeräten ist die Digitaltechnologie in stetem Vormarsch, insbesondere in den Bereichen Bedienkomfort, Zustandsanzeige und Mechaniksteuerung. An eine Reparatur ist da oft kaum noch zu denken. Selbst der geschulte Service-Elektroniker tut nichts anderes mehr, als komplette Platinen und Module gegen neue auszutauschen, da eine Suche nach dem eigentlichen Fehler viel zu langwierig – und damit zu kostenintensiv – wäre. (Haben Sie schon einmal versucht, ein IC mit 40 Beinchen auf einer mehrfach kontaktierten Platine auszulöten? Viel Spaß! Nur wenige Platinen machen so etwas überhaupt mit, ohne ernsthaften Schaden zu nehmen.)

Nun, die Fehlersuche muss nicht grundsätzlich an der Komplexität integrierter Bauteile scheitern, sie wird dadurch nur erschwert. Gerade in der Fernsehtechnik haben sich als

---

[19] DIP ist eine englische Abkürzung und heißt „Dual Inline Package".

Defacto-Standard bestimmte ICs eingebürgert, die in vielen Geräten zu finden sind – ein Zeichen dafür, dass die Preise erträglich sind und auch ein probeweiser Austausch lohnen kann. Weiterhin zeigt die Erfahrung, dass ICs gar nicht so oft die Fehlerursache darstellen, wie man meinen möchte. Sie stehen in meiner „Statistik der Problemkinder" weit hinter den diskreten Bauteilen zurück.

Anschlussbelegung DIP-Gehäuse

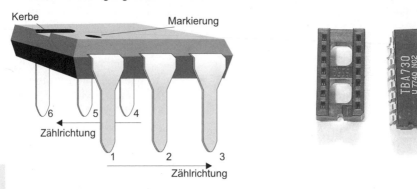

Abb. 3.28: Anschlussbelegung von ICs mit DIP-Gehäuse (Dual in Package) – die Zählart gilt für alle Ausführungen

Fehlerbilder von ICs

Die Fehlerbilder von ICs sind erwartungsgemäß recht vielfältig und sorgen auch bei hartgesottenen Elektronikern immer mal wieder für Überraschungen.

➤ Häufig werden ICs nach längeren Betriebsperioden thermisch instabil. Das damit verbundene Fehlerbild ist typisch. Das Gerät läuft eine Weile und beginnt plötzlich zu „spinnen". Der schuldige Halbleiter (Transistor oder IC) ist mit Hilfe eines Kältesprays schnell gefunden. Sobald das Fehlerbild auftritt, besprühen Sie – ohne das Gerät auszuschalten – der Reihe nach (etwa im 30 Sekundenabstand) alle in Frage kommenden Bausteine. Wenn der Fehler verschwindet, haben Sie den temperaturempfindlichen Punkt gefunden. Es versteht sich, dass mit dieser Methode auch die Ursache eines nach einer gewissen Zeit verschwindenden Fehlerbilds lokalisiert werden kann. Im umgekehrten Verfahren lassen sich Fehler auch mit Hilfe eines Föns einkreisen.

➤ Defekte ICs können auch durch zu hohe (evtl. Verfärbung der Aufschrift) oder zu niedrige Gehäusetemperatur auffallen. Lassen Sie dazu das Gerät eine gute Weile laufen, schalten Sie es dann aus (bei Niederspannungsgeräten nicht unbedingt erforderlich) und fühlen Sie die Temperatur mit den Fingern.

➤ In vielen Verstärkerendstufen findet man sogenannte *Hybridmodule*. Das sind integrierte Schaltkreise, die eine komplette Mono- oder Stereo-Endstufe darstellen und auf einen großen Kühlkörper geschraubt sind (Bezeichnung z.B. STK ...). Diese Hybridmodule gehen – leider viel zu schnell – bei Kurzschlüssen an Lautsprecherkabeln kaputt. Der Defekt lässt sich relativ eindeutig durch eine Spannungsmessung am Lautsprecherausgang ohne Eingangssignal und bei ausgesteckten Lautsprechern nachweisen (evtl. vorher Feinsicherungen im Gerät nachprüfen und austauschen). Liegen mehr als 1 Volt am Lautsprecherausgang an, ist das Hybridmodul hinüber (vgl. Abbildung 5.4).

Austausch von ICs

Der Austausch eines nicht gesockelten ICs erfordert eine sichere Hand beim Löten (vgl. Abschnitt 2.2 „Richtig ein- und auslöten"). Für den Wiedereinbau verwendet man auf alle Fälle eine Fassung (nicht bei Hybridmodulen, HF-ICs und hoch getakteten digitalen ICs), in die das neue Bauteil dann einfach eingesteckt werden kann – ein erneuter Austausch ist dann problemlos und schont die Platine. Meist müssen Sie dazu die Beinchen ein wenig zurechtbiegen. Achten Sie auf alle Fälle darauf, dass alle Beinchen richtig in die Fassung gleiten und darin fest und gleichmäßig tief (2 bis 3 mm) sitzen. Natürlich ist dabei die richtige Polung zu berücksichtigen. Bei DIP-Gehäusen muss die Kerbe oder der Punkt auf die Seite zeigen, die durch eine Eins oder einen Punkt auf der Platine gekennzeichnet ist (vgl. Abbildung 3.28), bzw. sie muss mit der Kerbe der Fassung übereinstimmen – so diese richtig herum eingelötet ist! Gesockelte ICs entfernen Sie vorsichtig unter Zuhilfenahme eines kleinen Schraubenziehers.

Diagnose

Gerade im Bereich der Computertechnik sind Packungsdichten von einigen Millionen Transistoren pro Quadratzentimeter keine Seltenheit mehr. Obwohl integrierte Schaltkreise in eine Fülle von Familien zerfallen, die aus elektrischer Sicht recht ähnliche Eigenschaften besitzen, ist hier das Ende der Fahnenstange in Sachen Diagnose und Funktionsprüfung schnell erreicht. Ein Blick auf die Signalplatine eines CD-Spielers oder auf ein modernes Fernsehchassis dürfte hier Bände sprechen. Die in diesem Buch vorgestellten, vornehmlich statischen Testverfahren und natürlich auch das verfügbare Messwerkzeug reichen da für die sichere Diagnose verständlicherweise nicht mehr aus.

In meiner langjährigen Praxis hat sich aber gezeigt, dass „schwarze Käfer" nur selten wirklich die Ursache von Ausfällen sind. Darüber hinaus ist die Diagnose von Defekten, so sie vorkommen, meist anhand weithin sichtbarer Veränderungen, Verfärbungen, Gehäusekratern oder Sprüngen im Gehäuse möglich. Und noch ein weiteres Ergebnis aus der Empirie: Die Gefährdung ist da am größten, wo die „Käfer" nicht mehr „unter sich" sind, das heißt an der Schnittstelle zu konventionellen Bauteilen wie Motoren, Lautsprechern, Ablenkspulen, Steckern usw.

95

Lineare ICs, Operationsverstärker

Das Feld der linearen ICs ist unüberschaubar. Für nahezu jede Gerätegattung sowie Funktionsgruppe gibt es hier Entwicklungen, die von den Geräteherstellern oft selbst vorgenommen und in kleiner Produktionsauflage selbst getragen werden. Entsprechend gering ist dann auch die Verbreitung – und die Chance auf Ersatz zu vernünftigen Preisen.

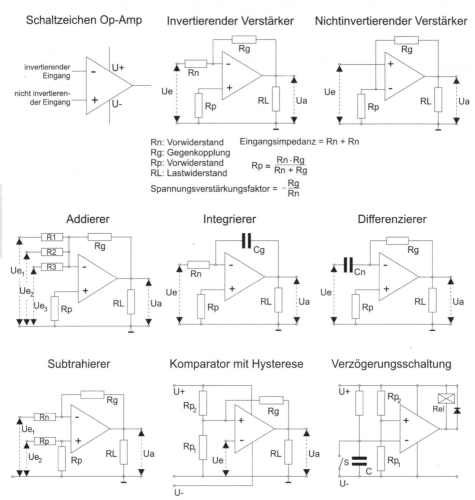

Abb. 3.29: Verschiedene Grundschaltungen mit Operationsverstärker

In Mainstream-Technologien wie der Fernseh- und HiFi-Technik haben sich aber größtenteils modular orientierte Universalbausteine der unabhängigen großen Hersteller etablieren können, die in der Literatur gut dokumentiert und auch überall erhältlich sind. Die Anwendungsbereiche solcher Bausteine sind so vielfältig wie ihre Beinchenbelegungen:

- NF-Verstärker
- A/D-Wandler
- Treiber
- Decoder, Encoder
- Operationsverstärker
- Spannungsregler, Konstantstromquelle
- Motor-, Servotreiber
- Pulsweitenmodulator (PWM)
- Nullspannungsschalter
- AM- FM-Receiver
- Digitale Potentiometer.

Zu jeder dieser Gattungen gibt es oft Hunderte von Ausführungen, die sich in puncto Integration, Leistungskenndaten und Betriebsparameter von „überhaupt nicht" bis „erheblich" unterscheiden.

Die universellsten Vertreter der linearen ICs sind die *Operationsverstärker* (OpAmps), mehrstufige Gleichspannungsverstärker mit großem Verstärkungsfaktor und (innerhalb bestimmter Frequenzbereiche) nahezu idealen Kennlinien. Das Einsatzgebiet des OpAmps ist enorm und überstreicht die ganze Palette vom einfachen (galvanisch gekoppelten) Niederfrequenzverstärker, wie er für Vorverstärker- und Klangreglerstufen benötigt wird, bis zu Messwert-Differenzverstärker in Präzisionsmesswerkzeugen.

Der interne Aufbau eines OpAmps interessiert aber, wie gesagt, nicht weiter. Sie können davon ausgehen, dass ein OpAmp innerhalb seiner Kenndaten so funktioniert wie er soll, solange er intakt ist. Abbildung 3.29 entnehmen Sie das Schaltsymbol und verschiedene Schaltungsarten des Operationsverstärkers.

Spannungsregler (Spannungskonstanter)

Wie der Name schon sagt, sind Spannungsregler oder *Spannungskonstanter* dafür zuständig, konstante Spannungen zu liefern. Sie sind daher vornehmlich in Netzteilen oder Stromversorgungsmodulen zu finden. Man unterscheidet zwischen *Festspannungsreglern* und *einstellbaren Spannungsreglern*. Festspannungsregler arbeiten mit einer festen, über eine interne Zenerdiode generierten Referenzspannung. Einstellbare Spannungsregler lassen sich hingegen mit einer externen Referenzspannung beschalten, die meist von einem Spannungsteiler (Potentiometer) oder von einer externen Zenerdiode mit geeigneter Spannung geliefert wird. Abbildung 4.2 zeigt die typischen Schaltungen. Beachten Sie, dass Spannungsregler zur Unterdrückung der Schwingungsneigung grundsätzlich mit einer

Parallel-Kapazität zwischen Referenzeingang (Basis) und Ausgang (Kollektor) beschaltet werden.

Abb. 3.30: Die Anschlussbelegungen der Spannungsregler sind unterschiedlich.

Da einfache Spannungsregler in den meisten Fällen mit drei Anschlüssen auskommen, besteht Verwechslungsgefahr mit gewöhnlichen Transistoren. Vom Messbild her sieht ein dreibeiniger Spannungsregler aber völlig anders aus als ein Transistor. Defekte erkennt man an einem Durchgang (0 Ω) zwischen Eingang und Ausgang.

Wird ein Spannungsregler während des Betriebs sehr heiß, ohne stark belastet zu sein, liegt das daran, dass er schwingt (in tongebenden Geräten ist diese Schwingung lautstark zu hören). Im Allgemeinen hilft dann nur ein Austausch.

Logik-Bausteine: TTL, CMOS, Prozessoren, EPROMs

Ebenso wie die linearen ICs sind die digitalen ICs eigentlich ein längeres, wenngleich nach meinem Geschmack wesentlich leichter zu überschauendes Kapitel.

Kennzeichnend für digitale ICs ist, dass sie eine klare Trennung zwischen Eingang und Ausgang haben (bei gewöhnlichen Transistoren gibt es diese Unterscheidung nicht) und dass die an diesen Anschlüssen vorhandenen elektrischen Pegel entweder als logische 1 oder logische 0 interpretiert werden. Mit anderen Worten: An jedem Ein- und Ausgang eines digitalen ICs werden nur zwei Zustände unterschieden, die als zulässige Spannungs- bereiche bezogen auf das Potenzial der Betriebsspannung definiert sind. In der Praxis wird oft allerdings oft noch einen dritter Zustand logisch unterschieden, der als „abgeschaltete Ein-/Ausgänge" (um Energie zu sparen) zu interpretieren ist. ICs, die ein solches Ab- schalten ermöglichen, werden als Tri-State-Bausteine bezeichnet.

Das Interessante ist, dass digitale ICs intern sehr wohl über konventionelle Transistor- schaltungen realisiert sind, das spezielle Schaltungsdesign aber darauf ausgerichtet ist, dass das IC zu jedem Zeitpunkt einen definierten Zustand hat und die gesamte Funktiona- lität des ICs über ein endliches Zustandsdiagramm beschrieben werden kann. (In der Praxis sind natürlich spezielle Maßnahmen – etwa eine *Taktung* – erforderlich, um Zustandsübergänge, die aus den definierten Spannungsbereichen hinausführen und eine gewisse, wenn auch sehr kurze Zeit brauchen, glatt über die Bühne zu bekommen. Eine Diskussion dieser Maßnahmen würde hier aber zu weit führen.)

Lässt man die neueren, speziell auf die moderne Computertechnik abzielenden Entwicklungen beiseite, zerfallen digitale ICs in zwei „Großfamilien", nämlich in TTL-ICs und CMOS-ICs, die ihrerseits noch in weitere Unterfamilien aufgeteilt sind – fast so wie im richtigen Leben. Der Familienbegriff stammt hier übrigens nicht von mir, sondern rechtfertigt sich dadurch, dass die Mitglieder der Familien aus elektrischer Sicht jeweils große Ähnlichkeiten aufweisen, die sie untereinander dahingehend kompatibel machen, dass sich Eingänge ohne weitere Schaltungmaßnahmen direkt auf Ausgänge schalten lassen. Wie viele Eingänge ein Ausgang bedienen kann, ist beispielsweise ein Teil der jeweiligen Familienspezifikation.

Der Hauptunterschied zwischen diesen beiden Großfamilien ist, dass TTLs im direkten Vergleich zu CMOS-Bausteinen mehr Strom benötigen und weniger Spannung vertragen und dadurch höhere Schaltgeschwindigkeiten erreichen. Darüber hinaus sind TTLs etwas weniger störanfällig und zuverlässiger. Gewissermaßen im Gegenzug fällt ihre Energiebilanz um einiges schlechter aus.

> **Merke**
>
> *Gerade vom Handling her sind CMOS-Bausteine extrem empfindlich gegenüber statischen Spannungen, wie sie beispielsweise durch Synthetik-Wäsche oder bestimmte Teppiche hervorgerufen werden. Bereits Aufladungen, die Sie womöglich noch nicht einmal als Knistern wahrnehmen werden, reichen einem CMOS-Baustein bereits, um sich dauerhaft zu verabschieden.*

TTL-ICs benötigen eine Versorgungsspannung von +5 V mit Minus an Masse. Die Stabilität der Versorgungsspannung ist ein wichtiges Kriterium für den sicheren Betrieb von TTL-Schaltungen. Da TTL-ICs für ihre kurze Schaltzeiten einiges an Strom ziehen (je Ausgang bis 18mA und je Eingang bis 1 mA, hier gibt es aber erhebliche Unterschiede bei den Unterfamilien) muss sichergestellt sein, dass genügend Elektronen „vor Ort" sind, um die Pegel schnell genug ändern zu können.[20] Für diese Aufgabe sind kleine Kondensatoren mit Werten um 50 bis 200 nF zuständig, die unmittelbar neben den ICs sitzen. Darüber hinaus findet man in der Umgebung von TTL-ICs noch Widerstände mit unkritischen Werten im Bereich von einigen kΩ, die die Aufgabe haben, Eingänge auf einen festen lo-

---

[20] Was hilft es, wenn ein IC schnell schaltet, dabei aber soviel Strom zieht, dass die Versorgungsleitung (aufgrund von induktiven Effekten) nicht mehr hinterherkommt und ein Spannungsabfall entsteht, der jenseits der definierten Pegel liegt.

gischen Pegel (Masse für 0, +5V für 1) zu ziehen. Diese Widerstände können aber auch fehlen, da Eingänge (mit weniger Störsicherheit) auch direkt an Masse oder 5 V geschaltet werden dürfen.

Das Spektrum der im Handel erhältlichen digitalen ICs reicht vom einfachen Gatter bis hin zu komplexen Speicherbausteinen, Controllern und Mikroprozessoren. Um einzelne ICs kennenzulernen, sollten Sie einmal ein sogenanntes *TTL-Kochbuch* durchblättern. Sie werden darin Bausteine für alle möglichen logischen Funktionen (OR, AND, NOR, NAND, NOT, XOR) finden, aber auch für komplexere Funktionalitäten wie Zähler, Schieberegister, Addierer etc. und, was sehr wichtig für das Verständnis einer Schaltung ist: ihre Anschlussbelegungen und Zustandstabellen.

TTL-ICs sind für *positive Logik* ausgelegt: Obwohl ein unbenutzter Eingang standardmäßig auf +5V (logisch 1) zieht, wird er nach Möglichkeit auf einen logischen Pegel gelegt (vorzugsweise auf Massepotenzial, das ist sparsamer), um Störeinwirkungen vorzubeugen.

ICs aus der CMOS-Familie zeichnen sich durch extrem niedrige Verlustleistungen aus. Die Mitglieder der CD 4xxx-Familie vertragen Betriebsspannungen bis zu 15 V, andere, jüngere Familien (54/74HCxxx), bei deren Konzeption spezielles Augenmerk auf eine gute Verträglichkeit mit TTLs gelegt wurde, nur bis zu 6 Volt. Von der funktionalen Ausgestaltung her stehen die CMOS-Familien den TTL-Familien um nichts nach – im Gegenteil: Mit seiner wesentlich höheren Integrationsdichte und seinem sparsamen Energieverbrauch hat der CMOS-Baustein das Rennen schon längst gemacht.

Die elektrische Prüfung[21] von digitalen-ICs liefert eigentlich nur in einer Testumgebung sichere Ergebnisse, es sei denn, die Schaltung erlaubt es, das zu prüfende digitale IC eine Zeit lang in einen festen Zustand zu versetzen. Für die Funktionsprüfung in schwingenden (getakteten) Schaltungen ist mindestens ein Oszilloskop – besser ein Logikanalysator – erforderlich, eine Ausrüstung, die eher nicht mehr zu den Hausmitteln zählt.

Nichtsdestotrotz kommt man mit den eingangs dieses Hauptabschnitts beschriebenen rein formalen Prüfungen (Inaugenscheinnahme, Fühlen der Temperatur, thermische Schocks) oft bereits zu ersten Ergebnissen und kann gegebenenfalls den versuchsweisen Austausch verdächtiger oder schlicht in örtlicher Nähe zu der ausgefallenen Funktion gelegener Bausteine betreiben. Steht ein Schaltplan zur Verfügung, ist der Zusammenhang in den meisten Fällen auch einfach theoretisch deduzierbar, wenn man weiß, was die einzelnen Bausteine machen und wo welche Signale laufen.

---

[21] Gemeint ist hier selbstverständlich die Spannungsprüfung, da man mit einer Widerstandsprüfung bei ICs generell nichts ausrichtet.

4 Schaltbilder

Eines vorweg: Rein statistisch gesehen leistet die im Abschnitt 5.1 beschriebene „rein formale" Fehlersuchmethodik erheblich mehr als man ihr auf den ersten Blick zutrauen würde. Sie kommt weitgehend ohne theoretischen Balast aus und verrennt sich nicht in abstruse Hypothesen über die Natur eines Fehlers – vielmehr gleicht sie einem „Breitband-Antibiotikum", das sich der Komplexität des „Patienten" gegenüber unbeeindruckt zeigt. Dies soll natürlich nicht heißen, dass ein Verständnis der gängigen Schaltungsaufbauten und ein zuverlässiger Schaltplan letzten Endes nicht doch Garanten für die erfolgreiche Reparatur sind. Meine Erfahrung zeigt jedoch, dass die „inhaltliche" Suche erst nach Abhaken der formalen Checkliste beginnen sollte – frei nach dem Motto „erst Messen und dann Gehirn einschalten". In vielen Fällen fördert das formale „Herumstochern" in einer Schaltung an den neuralgischen Punkten und Bauteilen Defekte sogar noch schneller zu Tage, als der systematische Ansatz, geleitet von dem Wunsch eines inhaltlichen Verständnisses oder gar einer Durchdringung des Schaltplans.

Aber auch das formale Herangehen lebt schließlich von einem gewissen Grundlagenverständnis über den modularen Aufbau und die prinzipielle Realisierung elektronischer Schaltungen.

4.1 Schaltpläne lesen

Der Schaltplan bildet die Grundlage für die inhaltliche Fehlersuche. Er gibt sowohl einen Überblick über den modularen Aufbau eines Geräts als auch über die Realisierung der einzelnen Module. Weiterhin enthält er wichtige Messpunkte mit Spannungsangaben (eventuell Signaldiagrammen), Einstellhinweise und die genaue Bezeichnung und Spezifikation der verwendeten Bauteile.

Die „große Kunst des Schaltplan-Lesens" ist schnell erlernt, wenn einmal die wichtigsten Schaltungsprinzipien verstanden und allem voran die Funktionen der Bauteile und ihre Schaltsymbole bekannt sind (abschreckend ist es natürlich allemal, wenn man bedenkt, dass beispielsweise die Serviceunterlagen von Videogeräten an Seiten diesem Buch oft nur wenig nachstehen). Für Reparaturzwecke ist es irrelevant, sich zu fragen, *warum* eine Schaltung funktioniert (Sie können davon ausgehen, *dass* sie im Normalfall funktioniert), eher schon, *wie* eine Schaltung funktioniert und in erster Linie *welches Input/Output-Verhalten* für sie charakteristisch ist. Da sich komplexe Schaltungen immer aus mehreren Stufen zusammensetzen, die jede für sich analysierbar sind, bietet die Input/Output-

Analyse die beste Voraussetzung für die Einkreisung von Defekten. So kann man sich schrittweise, dem logischen Verlauf der Signale folgend, beliebig vorwärts und rückwärts durch den Schaltplan bewegen, ohne gleich alles im Gesamten und im Einzelnen verstehen zu müssen.

Abbildung 4.1 zeigt den prinzipiellen Aufbau eines Geräts in verschiedene Module, wie er in der einen oder anderen Form jedem elektronischen Gerät zugrunde liegt. Je nach Bestimmung des Geräts wird das eine oder andere Modul fehlen, oder es werden noch weitere Module hinzukommen. Die Binnengliederung soll im Moment keine Rolle spielen. Wir kümmern uns um die Prinzipien von Netzteilen und Verstärkerschaltungen. Empfängerschaltungen und Impulsglieder erfordern Kenntnisse und Messapparaturen, die den Rahmen dieses Buchs überschreiten würden. Der interessierte Leser sei hier auf das Literaturverzeichnis verwiesen.

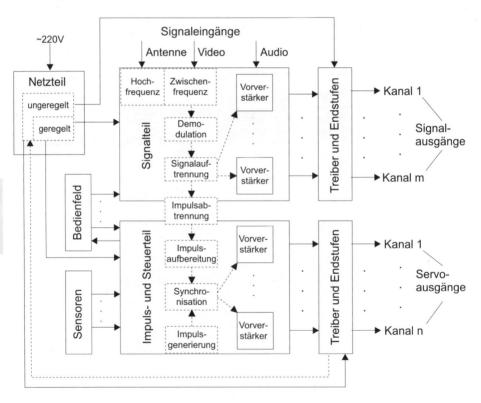

Abb. 4.1: Modularer Aufbau elektronischer Geräte

4.2 Netzteile

Ein guter Teil der Defekte in elektronischen Geräten liegt im Versagen von Netzteilen begründet. Häufig handelt es sich dabei auch um einen Sekundäreffekt, und die eigentliche Ursache muss beispielsweise in einer der Endstufen des Geräts gesucht werden. Normalerweise sind Netzteile so ausgelegt, dass sie entweder bei Überlast elektronisch abschalten oder zumindest eine Sicherung fällt. Eine Sicherung fällt aber selten „einfach so".

Beachte *Wenn Sie größere Schäden in Ihrem Gerät vermeiden wollen, ersetzen Sie Sicherungen nur gegen solche, die vom Wert her geeignet sind, und überbrücken Sie nie eine Sicherheitseinrichtung.* *Beachte*

Längsregler

Die Längsreglerschaltung trifft man in allen Standardnetzgeräten an, die eine geregelte Ausgangsspannung liefern. Sie besteht aus Transformator, Vierweggleichrichter, Siebkondensator, Referenzglied, evtl. Strombegrenzung und einem Transistor in Kollektorschaltung (vgl. Abbildung 4.2 rechts). Die von der Sekundärwicklung des Transformators gelieferte Niederspannung wird zunächst durch GL gleichgerichtet und durch C_1 geglättet (C_2 siebt Spannungsspitzen höherer Frequenz heraus). Für weniger empfindliche Verbraucher, wie Endstufen, reicht die so entstehende *gesiebte Gleichspannung* normalerweise schon aus (vgl. Abbildung 4.2 links), obwohl ein gewisser Restwelligkeit (Netzbrummen) in Kauf genommen werden muss – das Diagramm zeigt dies etwas übertrieben. Vorverstärker und empfindliche Signalverstärker etc. arbeiten dagegen nur zufriedenstellend, wenn sie eine Gleichspannung mit geringem Restwelligkeit zur Verfügung haben, wie sie beispielsweise die Längsreglerschaltung liefern kann. Der Referenzteil, dessen Herz im Allgemeinen eine Zenerdiode bildet, liefert dem als Emitterfolger betriebenen Längstransistor T eine feste Basisspannung U_{Ref}. T bildet nun in Serie mit dem Verbraucher einen selbstregelnden Spannungsteiler, der seinen Durchlasswiderstand so einstellt, dass das am Kollektor noch schwankende Potenzial U am Emitter sehr genau auf U_{Ref} – 0,7 Volt stabilisiert wird. Zum Schutz des Netzteils kann zusätzlich eine Strombegrenzerschaltung vorhanden sein (vgl. Abbildung 4.2 rechts unten). Sie misst die an dem niederohmigen Widerstand abfallende Spannung – die ja proportional zum Strom steigt – und veranlasst, dass T sperrt, sobald I_{max} überschritten ist.

103

Ungeregeltes Netzteil (gesplittete Spannungen)

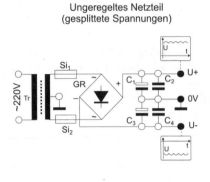

Geregeltes Netzteil (mit Längstransistor)

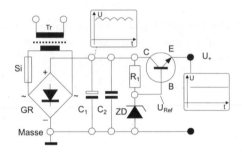

Ungeregeltes Netzteil

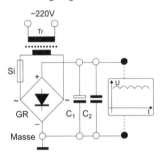

Geregeltes Netzteil mit Strombegrenzerschaltung

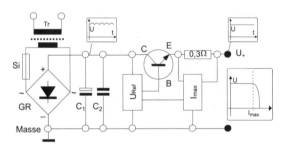

Geregeltes Netzteil kurzschlussfest (mit Festspannungsregler positiv)

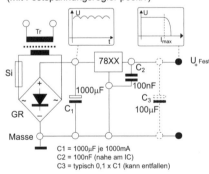

C1 = 1000µF je 1000mA
C2 = 100nF (nahe am IC)
C3 = typisch 0,1 x C1 (kann entfallen)

Geregeltes Netzteil, kurzschlussfest (mit einstellb. Spannungsregler positiv)

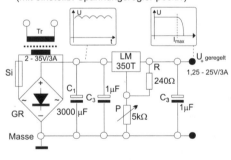

Abb. 4.2: Universelle Netzteilschaltungen – *oben und mitte links:* ungeregelt; *rechts oben*: geregelt; *mitte rechts und unten*: kurzschlussfest

Schaltbilder

4

Viele Geräte benötigen gesplittete Versorgungsspannungen, das heißt eine positive und eine negative Betriebsspannung mit gemeinsamer Masse (etwa +12V, Masse, -12V). Für die Regelung der negativen Betriebsspannung wird dann ein komplementärer Aufbau mit einem PNP-Transistor als Längsregler verwendet.

Beliebt ist weiterhin der Einsatz von Spannungskonstanter-ICs (vgl. Abbildung 4.2 unten). Sie verkörpern vollständige, meist kurzschlussfeste Regelschaltungen mit fester oder variabler Referenzspannung.

Fehlerbilder eines Netzteils

Fehlerbild	Keine Funktion.
mögliche Ursachen	Zuleitung oder Sicherung defekt, Trafowicklung oder elektrische Verbindung unterbrochen.
Abhilfe	Zuleitung auf Unterbrechung und Wackelkontakt untersuchen und gegebenenfalls austauschen; defekte Sicherung gegen eine gleichen Wertes (!) austauschen; Trafowicklungen und elektrische Verbindungen prüfen; Trafo oder dessen Einlöt-/Thermosicherung gegebenenfalls auswechseln.
mögliche Ursachen	Längstransistor bzw. Spannungskonstanter arbeitet nicht mehr (evtl. wegen Überlastung defekt oder Strombegrenzung hat abgeschaltet.
Vorgehen	Diagnose: Spannung am Kondensator vor dem Längstransistor messen. Falls dort vorhanden, hat vielleicht die Strombegrenzung zugeschlagen und erfordert als weiteres Vorgehen die Abkopplung des Lastkreises. Netzteil dann versuchshalber ohne Last oder mit kleiner ohmscher Last (z.B. Glühlampe) betreiben.
Abhilfe	Längstransistor überprüfen, wenn in Ordnung (Strombegrenzung aktiv), Kurzschluss in Lastkreis suchen.
mögliche Ursachen	Referenzspannung fehlt, Zenerdiode ist durchgeschlagen (beispielsweise nach Blitzeinschlag in Stromnetz).
Abhilfe	Austausch.
Fehlerbild	Vor dem Netzteil gelegene Sicherung fällt wiederholt.
mögliche Ursachen	Gleichrichterdiode hat Kurzschluss (meist) oder Siebkondensator durchgeschlagen (seltener).
Abhilfe	PN-Übergänge bzw. Kondensator auf Kurzschluss testen und ggf. austauschen.
mögliche Ursachen	Generelle Überlastung durch Laststromkreis.

Abhilfe	Laststromkreis auf Kurzschluss oder Überlast überprüfen.
Fehlerbild	Spannung ist zu hoch.
mögliche Ursachen	Längstransistor (Kollektor-Emitter-Strecke) ist durchgeschlagen.
Abhilfe	Auf Kurzschluss testen und gegebenenfalls auswechseln.
mögliche Ursachen	Referenzspannung zu hoch, meist beispielsweise weil Zenerdiode Unterbrechung hat.
Abhilfe	Referenzglied (Zenerdiode), Einstellwiderstand und Treibertransistor überprüfen.
Fehlerbild	Spannung ist zu niedrig.
mögliche Ursachen	Referenzspannung falsch.
Abhilfe	Referenzglied (Zenerdiode), Einstellwiderstand und Treibertransistor überprüfen.
mögliche Ursachen	Strombegrenzung ist aktiv. In diesem Fall liegt der Fehler im Lastkreis.
Abhilfe	Leistungsaufnahme des Laststromkreises überprüfen.
mögliche Ursachen	Sekundärwicklung hat Feinschluss oder Gleichrichter teilweise unterbrochen.
Abhilfe	Gleichrichter durchmessen und gegebenenfalls austauschen. Ist aber die Sekundärspannung des Trafos zu niedrig, Trafo austauschen.
Fehlerbild	Starkes Brummen (im Lautsprecher).
mögliche Ursachen	Siebkondensator (große Kapazität) ist defekt oder Gleichrichter ist teilweise unterbrochen und lässt nur noch eine Halbwelle durch.
Abhilfe	Siebkondensator und Gleichrichter durchmessen.
mögliche Ursachen	Netzgerät ist überlastet, weil eine Stufe des Lastkreises defekt ist.
Abhilfe	Lastkreis (zuerst Endstufe) überprüfen.
Fehlerbild	Zu starke Erhitzung des Längstransistors bzw. Spannungskonstanters.
mögliche Ursachen	Überlastung oder Eigenschwingung des Netzgerätes.
Abhilfe	Leistungsaufnahme des Lastkreises überprüfen, bei Eigenschwingung evtl. kleine Kapazität(en) einfügen.

Schaltbilder

4

Schaltnetzteile, Computernetzteile

Schaltnetzteile sind eine weitaus kompliziertere Angelegenheit als Netzteile herkömmlicher Technik. Sie haben sich inzwischen nicht nur in der Fernsehtechnik und Computertechnik vollständig durchgesetzt, sondern sind sogar bis in die Gefilde der Steckernetzteile und Ladegeräte (für Handys etc.) vorgedrungen. Ihre Vorteile liegen auf der Hand: sehr guter Wirkungsgrad, große Leistung bei kleinem Gewicht, verlustleistungslose Strom- und Spannungsregelung, gute Kompensation bei Netzstörungen, hohe Betriebssicherheit durch vielfältige Schutzschaltungen, in großen Bereichen variable Versorgungsspannungen etc.

Das Prinzip des Schaltnetzteils macht sich die Tatsache zunutze, dass Transformatoren für die Übertragung hoher Frequenzen sehr viel kleiner gebaut werden können als für die Übertragung der 50 Hz-Netzfrequenz – und das bei gleicher Leistung. Das liegt daran, dass für die Übertragung hoher Frequenzen (bei Schaltnetzteilen typisch zwischen 20 und 50 kHz – also oberhalb des Hörbereichs gelegen) nur geringe Induktivitäten erforderlich sind und sich dadurch Kerngewicht und Windungszahlen der Wicklungen deutlich reduzieren lassen – im umgekehrten Verhältnis steigt der Aufwand für die Regelelektronik ziemlich an.

Das Schaltnetzteil teilt sich in eine primär- und eine sekundärseitige Schaltung. Die primärseitige Schaltung erledigt die Hauptarbeit und ist direkt über einen Brückengleichrichter mit dem 230-Volt-Netz (galvanisch) gekoppelt. Abbildung 4.3 zeigt das Prinzipschaltbild eines sogenannten Sperrwandlernetzteils, soweit es für die Zwecke dieses Buchs interessant ist: Die gleichgerichtete und gesiebte Netzspannung gelangt über die Primärspule als Gleichspannung an den Kollektor des Schalttransistors T. Dieser fungiert als Schaltverstärker für ein *pulsbreitenmoduliertes* Rechtecksignal, das einer Kombination aus *Frequenzgenerator* (Oszillator) und *Pulsbreitenmodulator*, dem eigentlichen Regelglied, entstammt. Das Rechtecksignal hält die Verlustleistung am Transistor gering, da dieser, wenn er durchschaltet, sofort voll durchschaltet. Nehmen wir an, T hat gerade durchgeschaltet, dann fließt Strom über die Primärwicklung, und es baut sich ein Magnetfeld im Kern des Übertragers auf. Da die Diode D_1 im Sekundärkreis sperrt, kann in den Lastkreis noch kein Induktionsstrom fließen (die Energie verbleibt im Magnetfeld). Kurze Zeit später schaltet die nächste abfallende Rechteckflanke T in den sperrenden Zustand. Die Änderung des Stromflusses in der Primärwicklung erzeugt im Laststromkreis durch den Abbau des Magnetfelds einen kräftigen Induktionsstrom (nun umgekehrter Polarität), den D_1 jetzt durchlässt und der vom Siebkondensator C_2 geglättet wird. Dieser Ablauf wiederholt sich zigtausend Mal pro Sekunde. Zum Schutz des Schalttransistors (bzw. Hochleistungs-MOSFET) vor zu hohen Induktionsspannungen liegt parallel zur Kollektor-Emitterstrecke von T ein *Dämpfungsglied*, bestehend aus Kondensator C_3 und Widerstand R_1 sowie evtl. einer Schutzdiode D_2.

Schaltbilder

4

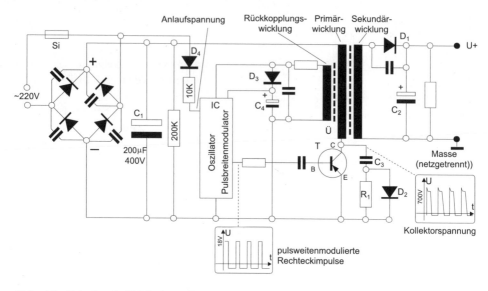

Abb. 4.3: Prinzipschaltbild eines Sperrwandler-Schaltnetzteils, wie es in Fernsehgeräten und Computern zu finden ist (für das Verständnis unwesentliche Schaltungsteile und Sicherheitskreise fehlen)

Die Pulsbreite eines Rechtecksignals definiert sich aus dem prozentualen Verhältnis der positiven zur negativen Impulsdauer bei konstanter Frequenz. Wenn T vergleichsweise kurz durchschaltet, kann nur wenig Energie in den Primärkreis des Übertragers fließen, und es kommt auch wenig auf der Sekundärseite an. Der Pulsbreitenmodulator erhält entweder über einen Optokoppler oder über eine (dritte) Rückkopplungswicklung – die Potenzialtrennung muss aufrecht erhalten bleiben – „Auskunft" über die Höhe der Spannung im Sekundärkreis (vgl. D_3 und C_4) und verändert die Pulsbreiten des Steuersignals so, dass die Leistungsabgabe des Netzteils immer exakt der Leistungsaufnahme des Verbraucherstromkreises gerecht wird – die Spannung bleibt somit konstant.

> **Merke**
>
> *Versucht der Verbraucher mehr Strom zu ziehen als das Netzteil liefern kann (oder soll), schaltet es für eine gewisse Zeit den Steuerimpuls ganz ab (typisch mehrere Sekunden). Dies geschieht nebenbei bemerkt auch, wenn die Verbraucherleistung ein Minimum unterschreitet. Schaltnetzteile arbeiten somit nur unter einer gewissen Grundlast korrekt.*
>
> **Merke**

Damit die Schaltung auch anschwingt, bekommt das Regelglied ein wenig Netzspannung (über D_4) eingespeist.

Sicherheitshinweis

Schaltnetzteile führen während des Betriebs – unabhängig von der Polung des Netzsteckers – stets volles Netzpotenzial und dürfen zu Messzwecken nur über Trenntransformator betrieben werden. Der Siebkondensator eines Schaltnetzteils kann einige Zeit nach dem Ausschalten noch erhebliche Ladung besitzen (speziell bei einem Defekt des Schalttransistors) und sollte vorsichtshalber über einen Widerstand (~1 kΩ) ein bis zwei Sekunden lang entladen werden.

Fehlerbilder eines Schaltnetzteils

Die vergleichsweise hohe Frequenz, mit der Schaltnetzteile schwingen, führt zu erheblichen mechanischen Belastungen an Bauteilen, die der Schwingung per Magnetfeld ausgesetzt sind (Übertrager, Drossel) aber auch bei Bauteilen, die nach dem Feder-/Masse-Prinzip rein mechanisch zu Resonanzschwingungen angeregt werden. Dies belastet die weichen Lötstellen, führt zu Rissen und Oxidationen und schließlich zu Aussetzern mit Funkenschlag. Abhilfe durch reines Nachlöten unter reichlicher Zugabe von Lötzinn ist meist von nicht allzu langer Dauer. Bei wiederholtem Auftreten des Fehlers gilt es, die mechanische Schwingung zu unterdrücken. Geeignete Maßnahmen in dieser Richtung sind: das Aufbringen von Klebstoffen und Einklemmen von Gummipuffern zur Dämpfung sowie das Kürzen oder Verlängern von Anschlüssen (Feder-/Masse-Resonanz verändern).

Fehlerbild	Keine Funktion; kein Anlaufpfeifen zu hören.
mögliche Ursachen	Der Fehler ist auf der Primärseite zu suchen!
	Stromversorgung unterbrochen: Meist Feinsicherung defekt, weil Gleichrichterdiode, Siebkondensator oder Schalttransistor durchgeschlagen (Blitz, Induktionsspannung im Netz); evtl. auch Leistungswiderstand des Dämpfungsglieds defekt.
Abhilfe	Defektes Bauteil über Widerstandsmessung ermitteln und austauschen, Sicherung gegen eine mit gleichem Wert ersetzen.
mögliche Ursachen	Schalttransistor ist durchgeschlagen oder die Primärwicklung des Übertragers unterbrochen. In 90% der Fälle ist eine kalte Lötstelle am Übertrager die eigentliche Ursache. Versteckte Ursache kann auch ein defektes Dämpfungsglied sein.
Abhilfe	Primärwicklung auf Durchgang testen; nach kalten Lötstellen am Übertrager suchen. Funktion aller Bauteile, insbesondere des Dämpfungsglieds sicherstellen und Schaltelement (Thyristor, Transistor FET) ausmessen (gegebenenfalls FET auch einfach versuchshalber austauschen,

	nachdem kalte Lötstelle oder Dämpfungsglied repariert wurde).
mögliche Ursachen	Wenn Schalttransistor intakt ist, aber bei voller Spannung sperrt, ist das Anlaufglied (meist Diode oder Regel-IC) defekt, selten findet man auch einen Defekt im Rückkopplungsglied (Lötstelle).
Abhilfe	Anlauf- und Rückkopplungsglied überprüfen, IC ggf. versuchshalber austauschen, wenn keine anderen Fehler feststellbar sind.
Fehlerbild	Wiederholtes Anlaufpfeifen zu hören (etwa jede Sekunde).
mögliche Ursachen	Leistungsbegrenzung hat Überlast festgestellt: Meist ist Leistungsaufnahme durch den Lastkreis wegen eines Kurzschlusses oder eines energiehungrigen Verbrauchers zu hoch.
Abhilfe	Lastkreis abhängen, Funktion des Netzteils mit Minimallast sicherstellen. Lastkreis auf Kurzschluss oder Strombedarf überprüfen.
mögliche Ursachen	Die für den Betrieb des Netzteils erforderliche Minimallast wird nicht erreicht. Entweder ist die Verbindung zum Lastverbraucher unterbrochen oder die Leistungsaufnahme des Lastverbrauchers ist aufgrund eines Defekts vermindert.
Abhilfe	Funktion des Netzteils mit Minimallast sicherstellen. Eigentlichen Lastkreis auf Unterbrechung, Dimensionierung oder leistungsvermindernde Defekte überprüfen.
mögliche Ursachen	Sekundärgleichrichtung (Diode, Kondensator), Sekundärwicklung, Rückkopplungsglied oder Strombegrenzerschaltung defekt. Meist ist die Diode eines Sekundärkreises aufgrund eines (gegebenenfalls nur kurz andauernden Kurzschlusses) durchgeschlagen und schließt dann den Sekundärkreis dauerhaft kurz. Darauf wiederum reagiert die Strombegrenzung mit dem genannten Fehlerbild.
Abhilfe	Sekundärgleichrichtung überprüfen; wenn in Ordnung, Verbraucher abklemmen und beispielsweise durch Glühlampe entsprechender Leistung ersetzen. Wenn Fehler weiterhin besteht, Rückkopplungsglied und Strombegrenzungsschaltung überprüfen, ggf. IC austauschen. Ein Wicklungsdefekt wird wahrscheinlich, wenn Diode und Kondensator intakt sind. (Diagnose: Wenn mehrere Sekundärkreise vorhanden sind, Gleichrichterdioden der Reihe nach jeweils einzeln ausbauen und Netzteil unter Beachtung der Minimallast ohne sie betreiben. Wenn sich nichts ändert, ist die Wicklung wahrscheinlich durchgebrannt.) Eine Reparatur lohnt dann häufig nicht mehr, falls kein gleiches Gerät zum Ausschlachten zur Verfügung steht.
Fehlerbild	Netzteil erzeugt hörbaren Ton, Ausgangsspannung zu niedrig.
mögliche	Normal, wenn Verbraucher keinen oder zu wenig Strom aufnimmt.

Ursachen	
Abhilfe	Defekt oder Unterbrechung im Verbraucher suchen. Einhaltung der minimalen und maximalen Strombelastung sicherstellen.
mögliche Ursachen	Oszillatorschaltung arbeitet mit falscher Frequenz (Kapazität verringert, Rückkopplungswicklung angeschlagen, meist jedoch IC defekt).
Abhilfe	Schwingkreiskapazitäten überprüfen, IC austauschen.
mögliche Ursachen	Spannung zu hoch.
Abhilfe	Evtl. Spannungseinstellung falsch, meist jedoch Fehler in Rückkopplungsglied oder im Pulsbreitenmodulator; zuerst Rückkopplungsglied prüfen, dann Spannungseinstellung (vorher markieren) versuchsweise verändern und wenn kein Effekt, IC austauschen.

4.3 Verstärkerschaltungen

Der Verstärker in seinen vielfältigen Konzeptionen und Realisierungen bildet den Kern der elektronischen Welt. Ich begnüge mich damit, drei Lehrbuchschaltungen vorzustellen, die Ihnen das Verständnis von Schaltungen bzw. Schaltplänen erleichtern werden und ein gewisses Gefühl für den modularen Aufbau elektronischer Schaltungen vermitteln sollen – auch wenn es in der Praxis oft sehr „verwoben" zugeht.

Der erste Begriff, an dem man im Zusammenhang mit Verstärkern schlecht vorbeikommt, ist der Begriff der *Impedanz*. Er bezeichnet im Wesentlichen den Wirkwiderstand, eine Mischung aus dem frequenzunabhängigen ohmschem Widerstand und dem frequenzabhängigen Blindwiderstand, den eine Schaltung eingangsseitig (Eingangsimpedanz) bzw. ausgangsseitig (Ausgangsimpedanz) aufweist. Es gilt die Regel, dass die Impedanzen zweier gekoppelter Stufen möglichst gut übereinstimmen sollen. Ein Beispiel ist die Impedanz einer Antenne sowie des verwendeten Antennenkabels. Sie beträgt für Fernsehempfänger normalerweise 60 oder 75 Ω und für UKW-Rundfunkempfänger 60, 75, 240 oder 300 Ω. Je besser die Antenne an die Eingangsimpedanz des Empfängers angepasst ist, desto wirksamer und signaltreuer kann die Empfangsschaltung arbeiten. Im Niederfrequenzbereich (NF) gilt das ebenso wie im Hochfrequenzbereich (HF), wenn auch nicht so strikt. So ist es unkritischer, einen niederohmigen Ausgang mit einem hochohmigen Eingang zu koppeln als umgekehrt. Das Paradebeispiel für diesen Umstand führt uns eine Lautsprecherbox mit einer Impedanz von 4 Ω vor, die an einem Verstärker mit 8 Ω Ausgangsimpedanz je Kanal angeschlossen wird – da bereits bei mittlerer Belastung ein zu hoher Strom fließt, wird diese Box früher oder später die Endstufe knacken. Der umkehrte

Fall, also der Anschluss eines 8 Ω-Lautsprechers an eine 4 Ω-Endstufe ist problemlos, halbiert aber die mögliche Ausgangsleistung.

Signalverstärker, Vorverstärker

In Signalverstärkern findet man vornehmlich die strom- und spannungsverstärkende Emitterschaltung (vgl. auch Abschnitt „Transistoren", Seite 83), aber auch die stromverstärkende Kollektorschaltung (vgl. Abschnitt „Längsregler", Seite 103). Abbildung 4.4 zeigt den prinzipiellen Aufbau eines einstufigen NF-Signalverstärkers aus diskreten Bauelementen (links) sowie unter Einsatz eines in Differenzverstärkerschaltung betriebenen Operationsverstärkers (rechts).

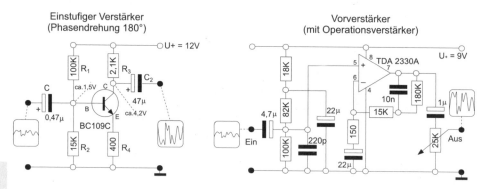

Abb. 4.4: *links* einstufiger signalinvertierender Kleinsignalverstärker in Standardschaltung; *rechts* nichtinvertierender IC-Vorverstärker mit Gegenkopplung und Frequenzgangentzerrung (nach Stoiber, H.: Grundlagen der elektronischen Schaltungstechnik, München 1992)

Betrachten wir zuerst die linke Schaltung. Sie enthält einen Spannungsteiler, der die *Basisvorspannung* auf 1,5 V einstellt. Das Eingangssignal darf somit eine Amplitude von ca. 1 V_{ss} (Spitze/Spitze) aufweisen, damit es nicht verzerrt wird, denn der Transistor beginnt erst ab ca. 1 V Basisvorspannung einigermaßen linear zu arbeiten. Gleichzeitig wird durch C, R_2 und den spezifischen Basiswiderstand von T (er errechnet sich unter Berücksichtigung des Verstärkungsfaktors und R_4) die Eingangsimpedanz bestimmt, die in diesem Fall ca. 10 kΩ (frequenzabhängig) beträgt. Die Ausgangsimpedanz wird durch R_3 und C_2 gebildet und beträgt ca. 1 kΩ (frequenzabhängig). Die Kopplungskondensatoren C_1 und C_2 schirmen die Gleichspannungspegel der Stufe nach außen hin ab; ihre Polung hängt letztendlich davon ab, wie die Gleichspannungspegel der vorhergehenden bzw. folgenden Stufe beschaffen sind. Da Kondensatoren Signalverzerrungen (Bevorzugung hoher Frequenzen und Phasenverschiebungen) hervorrufen, strebt man in der Praxis möglichst direkt ge-

Schaltbilder

4

koppelte Verstärkerstufen an, bei denen das Ausgangspotenzial der vorhergehenden Stufe mit dem der folgenden Stufe verträglich und kein Kopplungskondensator erforderlich ist.

Operationsverstärker (OpAmps) verkörpern solche direkt gekoppelten Verstärkerstufen und weisen – im integrierten Aufbau als IC erhältlich – eine extrem hohe Verstärkung mit sehr guter Frequenzcharakteristik bei relativ guten Rauscheigenschaften auf (vgl. „Lineare ICs, Operationsverstärker", Seite 96). Heutzutage findet man nur noch in wenigen Geräten diskret aufgebaute Vorverstärker (die aber bessere Rauscheigenschaften und Kanalentkopplungen erreichen). Der in Abbildung 4.4 (rechte Schaltung) verwendete Baustein TDA 2320A enthält sogar zwei Operationsverstärker mit kurzschlussfesten Ausgängen und kann somit für Stereoanwendungen eingesetzt werden. Als Differenzverstärker besitzen OpAmps zwei Eingänge, einen invertierenden (180°-Phasendrehung) und einen nicht invertierenden (keine Phasenverschiebung).

Verstärkt wird, was als Differenz zwischen den beiden Eingängen des OpAmp anliegt. Hält man – bildlich gesprochen – einen Eingang durch ein Gleichspannungspotenzial fest, bildet er den Referenzpunkt für das am anderen Eingang zugeführte Signal. In der Praxis ist zur Korrektur des Frequenzgangs (die Verstärkung des OpAmps steigt mit zunehmender Frequenz) und zur Verhinderung von Eigenschwingung eine Gegenkopplung zwischen Ausgang und Eingang durch ein Hochpassfilter erforderlich, die sinnvollerweise auf den invertierenden Eingang geführt wird. Damit „mischt" der OpAmp das eigentliche am (+)-Eingang anliegende Signal gegenphasig mit einem Teil des bereits verstärkten Signals, das über den (–)-Eingang eintrifft. Die dadurch erreichte Dämpfung wirkt besonders gut für hohe Frequenzen (Filtercharakteristik) und stabilisiert den Arbeitspunkt des Verstärkers in Hinsicht auf Frequenzgang und auf Temperaturänderung.

Leistungsendstufen

Leistungsendstufen sind Leistungsverstärker, die das bereits gut vorverstärkte und meist auch klanglich aufbereitete Signal auf den Leistungsbedarf und die Impedanz des Lastverbrauchers verstärken und zuschneiden. Im Audiobereich kommt als Verbraucher eigentlich nur der Lautsprecher in Betracht, während im Fernsehbereich z.B. die Vertikalablenkspule, der Hochspannungstransformator und die Steuergitter der Farbbildröhre nebst Lautsprecher jeweils eine eigene Leistungsendstufe benötigen.

Die verwendeten Prinzipien sind (abgesehen einmal von der Horizontalendstufe im Fernsehgerät, die eher dem im Abschnitt „Schaltnetzteile, Computernetzteile", Seite 107, besprochenen Schaltnetzteil ähnelt) immer dieselben. Bei relativ hohem Widerstand des Verbrauchers findet man analog zu Abbildung 4.4 (links) einen Endstufentransistor in Emitterschaltung, dessen Arbeitspunkt so eingestellt ist, dass er ohne Eingangssignal am

113

Kollektor genau die halbe Betriebsspannung führt[22]. Dieses Potenzial wird nun symmetrisch durch das Eingangssignal ausgelenkt, und ein Kondensator hoher Kapazität (Elko mit Pluspol an Kollektor) gibt den Wechselstrom- bzw. Wechselspannungsanteil an den Lastverbraucher weiter. Man nennt diese Transistorschaltung *A-Betrieb*, und es ist leicht zu erkennen, dass sie sich für niederohmige Ausgangsimpedanzen schlecht eignet, weil die Verlustleistung am Kollektorwiderstand und am Transistor zu hoch wäre.

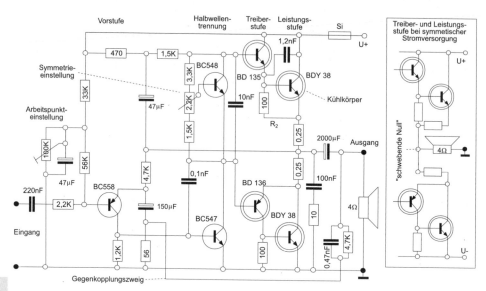

Abb. 4.5: *links* Schaltplan einer Hifi-Endstufe – bestehend aus Vorstufe, Gegentakttreiberstufe (komplementär bestückt) und Leistungsstufe für einfache Stromversorgung; *rechts* Prinzipschaltbild einer Gegentaktendstufe mit dualer Stromversorgung – der Kopplungskondensator für den Lautsprecher kann entfallen, da die Gegentaktstufe ein „schwebendes Nullpotenzial" ausbildet.

Niederohmige Ausgangsimpedanzen erreicht man nur mit sog. Gegentaktschaltungen, bei denen der passive Kollektorwiderstand R_3 durch einen weiteren, aktiven Transistor ersetzt ist (vgl. Abbildung 4.5). Das Eingangssignal wird dann so aufgeteilt, dass sich der eine Transistor um die positive Halbwelle kümmert und der andere um die negative. Beim reinen Gegentakt-B-Betrieb sperrt ein Transistor immer dann, wenn der andere gerade durchsteuert – und die Verlustleistung an den Transistoren ist minimal. Das führt aber in der Praxis zu erheblichen Signalverzerrungen bei Eingangssignalen mit kleiner Amplitude, weil der Transistor im „unteren Bereich" noch nicht linear arbeitet. Daher stellt man

---

[22] Es fließt also ein kräftiger Ruhestrom, der sich einfach nach der Formel $I = U_+ / (2 \cdot R_3)$ berechnen lässt (R3 ist auf Abbildung 4.4 bezogen).

die Arbeitspunkte der beiden Transistoren über Basisvorspannungen so ein, dass sie in den linearen Bereich fallen. Somit fließt durch beide Transistoren ein (vergleichsweise geringer) Ruhestrom, der bei den meisten Verstärkern auch explizit eingestellt werden kann. Die Schaltung arbeitet so im gemischten Gegentakt-AB-Betrieb.

Praxishinweis: Ruhestromeinstellung

Ein Verändern des Ruhestroms am zugehörigen Trimmwiderstand auf's Geratewohl kann auf Dauer zur Zerstörung der Endstufe wegen zu hoher Verlustleistung führen. Die Einstellung muss aber manchmal nach Austausch der Endstufen- oder Treibertransistoren z.B. gegen Äquivalenztypen mit Hilfe eines Strommessgeräts nach Herstellerangaben (Schaltplan) neu vorgenommen werden. Es empfiehlt sich dann auch, die Symmetrie so einzustellen, dass exakt die halbe Spannung U_+ am Ausgangskondensator anliegt (vgl. sinngemäß Abbildung 4.5) bzw. bei direkter Kopplung und gesplitteter Stromversorgung 0 Volt gegen Masse herrschen.

Zweckmäßigerweise werden für die beiden, im Gegentakt betriebenen Transistoren *Komplementärtypen* (NPN/PNP-Paar) mit gleichen Verstärkungs- und Leistungseigenschaften verwendet. Bei richtigen Leistungs- und Hochleistungsendstufen findet man als Endstufentransistoren häufig Komplementärpärchen aus Darlington-Transistoren oder zwei bzw. vier NPN-Leistungstransistoren mit vorgeschalteter Komplementärtreiberstufe.

Moderne Hifi-Verstärker verwenden eine gesplittete oder duale Stromversorgung mit U_+, Masse und U_- und verbessern so den Frequenzgang, weil sie ohne kapazitive Lautsprecherkopplung auskommen. Die direkt an U_+ und U_- betriebenen Gegentakttransistoren erzeugen bei fehlendem Eingangssignal ein *schwebendes Nullpotenzial*, das bei richtiger Symmetrieeinstellung mit dem Massepotenzial übereinstimmt (vgl. sinngemäß Abbildung 4.5 rechts). Für den zwischen der „schwebenden Null" und Masse liegenden Lautsprecher ist das aber nicht ungefährlich, da er bei verschobener Symmetrie Gleichspannung oder – schlimmer noch – bei einem durchgeschlagenen Endstufentransistor sogar die volle Versorgungsspannung abbekommen kann.[23]

Im Brückenverstärker, wie er beispielsweise als Boosterstufe für Auto-Hifi-Anlagen verwendet wird, ist dieses Prinzip noch einmal verdoppelt: Der Lautsprecher liegt dann zwi-

---

[23] Wenn dann noch die schützende Sicherung überbrückt ist, brennt der Lautsprecher ab, und es kommt unter Umständen sogar zu einer Brandkatastrophe.

schen den „schwebenden Nullen" zweier Gegentaktendstufen, von denen die eine ein invertiertes Signal liefert.

Beliebt sind auch Hybridmodul-Endverstärker (meist sogar in Stereoausführung), die vollwertige Endstufen im Sinne von Abbildung 4.5 darstellen. Nach außen hin werden sie nur noch von wenigen RC-Gliedern zur Arbeitspunktstabilisierung, Kanalentkopplung und Frequenzkorrektur unterstützt. Der Aufbau ist völlig unkritisch und vereinfacht die Reparatur – verteuert sie aber auch.[24] Abbildung 5.4 zeigt einen Blick in einen Verstärker mit Hybridmodul.

Fehlerbilder von Leistungsendstufen

Siehe unter Abschnitt 5.4 „Stereoverstärker".

---

[24] Der Preis für ein 2 × 50 Watt Hybridmodul liegt zur Zeit bei etwa 25 €.

116

5 Reparaturanleitungen

In den folgenden Abschnitten finden Sie Reparaturanleitungen für die „übliche Haushalts-
elektronik". Die Fehlertabellen decken einen Großteil der häufig auftretenden und vom
Laien noch behebbaren Fehlerbilder ab. Es versteht sich von selbst, dass jedes Gerät seine
eigenen „Tiefen" und konzeptionellen Schwächen besitzt und schwierigere Fehler entweder an eine Fachkraft weitergereicht oder anhand weiter führender Literatur erarbeitet
werden müssen – meine Literaturhinweise im Anhang mögen Ihnen dabei behilflich sein.

5.1 Methodische Fehlersuche

Die Fehlersuchmethodik bei elektronischen Geräten füllt eine breite Skala, die den berühmten „Klaps auf den Kasten", die ausführliche Anamnese (Studium der „Krankenge-
schichte"), die Augendiagnostik, das schlichte erratische Durchmessen von Einzelbautei-
len mit einem „Verhaften der üblichen Verdächtigen"[25], die modulorientierte Diagnose
und nicht zuletzt die gezielte Signalverfolgung mit Hilfe spezieller Signalgeneratoren und
Oszilloskopen umfasst. Die eher hausbackeneren Methoden am unteren Ende der fachli-
chen Skala gleichen einem ungezielten Herumstochern, bei dem die Komplexität der vorliegenden Schaltung nur wenig Berücksichtigung findet – und Abschreckung entfalten
kann. Nichtsdestoweniger sind sie effizient – mal abgesehen vom „Klaps" – und können
selbst von Menschen mit wenigen Vorkenntnissen angewendet werden. Ich fasse sie unter
dem Begriff der *formalen Methode* zusammen, der dem der *inhaltlichen Methode* gegen-
überzustellen ist.

Die Fehlerstatistik zeigt (gerade auch bei modernen Geräten), dass kalte Lötstellen,
durchgebrannte Transistoren und Dioden in Leistungsstufen, Schalter und Potentiometer
mit Kontaktschwierigkeiten sowie mechanische Probleme (wie Verschmutzungen und ge-
rissene Gummis[26]) gut die Hälfte bis zwei Drittel aller Gerätedefekte ausmachen. Seltener
wird sich der Fehler in ICs, HF-Kreisen oder Kleinsignalstufen verbergen. Das liegt wohl
daran, dass die an sich verschleißfreien elektronischen Bauteile nur in den Leistungsstufen
an ihre Belastungsgrenzen gelangen und dass dort thermische Einflüsse evtl. in Verbindung mit mechanischen Eigenschwingungen Materialveränderungen hervorrufen können.
Nicht zu vergessen, die „Montagsgeräte". Sie haben sich durch die Endkontrolle des Her-

---

25 Frei nach dem Film „Casablanca".
26 Wehe dem, der hier schlechtes denkt!

stellers gemogelt, obwohl etwa das Lötbad nicht alle Kontakte hundertprozentig erwischt hat. Solchen Geräten sitzt man mit Verbesserung der Qualitätskontrollen und der Produktionstechniken jedoch immer seltener auf, und wenn, dann enttarnen sie sich meist noch im Rahmen der Gewährleistungsfrist.

Die formale Methode

1. **Anamnese** – bringen Sie die Hintergründe und Begleitumstände eines Ausfalls genauestens in Erfahrung. So können beispielsweise auf dem Gerät abgestellte Zimmerpflanzen und Bücherberge auf Feuchtigkeits- und Überhitzungsdefekte verweisen, oder ein vorangegangener Stromausfall durch Blitzeinschlag in das Stromnetz auf Überspannungsfehler (durchgeschlagene Halbleiter und Kondensatoren, unterbrochene Widerstände etc.) schließen lassen.

2. **Differenzielle Diagnostik** – beobachten und analysieren Sie das Fehlerbild gut. Gelegentliche oder sich ankündigende Ausfälle verweisen auf Wackelkontakte, thermische Instabilitäten oder mechanische Probleme. Meist kann aufgrund des Fehlerbilds bereits recht gut auf eine bestimmte Stufe geschlossen werden, vorausgesetzt der modulare Funktionsaufbau eines Geräts ist einigermaßen bekannt.

3. **Stromversorgung sicherstellen** – prüfen Sie zuerst, ob das Gerät korrekt angeschlossen ist, und die zum Gerät gehenden Strom- und Verbindungskabel keine Schäden haben (Haustierfraß, Quetschungen, Kurzschlüsse beispielsweise an Lautsprecherkabeln, abgerissene Stecker etc.).

4. **Module ausmachen** – ziehen Sie den Netzstecker und öffnen Sie das Gerät, damit Sie sich einen Überblick über die vorhandenen Module verschaffen können. Lokalisieren Sie das Netzteil, (alle) Sicherungen, Eingangs- und Ausgangsmodule sowie die Hauptmodule. Für die Binnengliederung helfen oft Aufschriften auf den Platinen weiter.

5. **Bei Totalausfall auf Einschalter und Netzteil konzentrieren** – wenn ein Totalausfall vorliegt, überprüfen Sie alle Sicherungen und konzentrieren sich zuerst auf die Stromversorgung (vgl. Abschnitt 4.2 „Netzteile"). Ist dort ein Ausfall vorhanden und behoben, sollten zusätzlich die Endstufen begutachtet werden.

6. **Augendiagnostik** – nehmen Sie in aller Ruhe bei gutem Licht und gegebenenfalls unter Zuhilfenahme einer Lupe eine ausgiebige Sichtkontrolle vor. Suchen Sie nach unnatürlichen Verfärbungen an Bauteilen, verdächtigen Lötstellen und Brandspuren, sowie Platinenbrüchen und Oxidationsspuren durch Feuchtigkeitseinwirkung.

7. **Bewegte Teile testen** – messen Sie die (Schalt-)Funktionen der mechanischen Bauteile, Schalter, Schaltleisten, Taster, Potentiometer, Relais durch.

8. **Leistungsbauteile testen** – Leistungsdioden (stabilere Bauformen), Leistungstransistoren (Transistoren mit Kühlkörper), Transformatoren (Lötanschlüsse auf Feinrisse untersuchen) und Widerstände haben die meisten Defekte. Selbst bei einem Fernsehgerät ist das in wenigen Minuten erledigt. Bei zwielichtigen Messergebnissen bauen Sie das Bauteil kurz aus und messen es im ausgelöteten Zustand noch einmal durch.

9. **Thermische Probleme sichten** – bei thermischen Problemen arbeiten Sie mit einem Kältespray und/oder Fön am laufenden Gerät (Sicherheitshinweise von Abschnitt 1.4 beachten).

9. **Wackelkontakte sichten** – bei Wackelkontakten klopfen Sie mit dem Isoliergriff eines Schraubenziehers oder einem nichtmetallischen Werkzeug die Platine des laufenden Geräts vorsichtig ab und kreisen die sensible Stelle ein. Zu 90% wird eine kalte Lötstelle, ein Leiterbahnriss oder ein oxidierter Steckkontakt dafür verantwortlich sein. Manchmal sitzt ein Wackelkontakt auch in einem Bauteil und wird sich dann meist zusätzlich als thermischer Fehler bemerkbar machen. Wackelkontakte lassen sich auch mit der Piepsfunktion eines Messgeräts im spannungslosen Zustand gut auffinden.

Tipp *Tipp*

> ### Wackelkontakte
> *Für die Schnellsuche nach Wackelkontakten und Spannungsüberschlägen in Leistungsstufen schaffen Sie Dämmerlicht und warten Sie, bis sich Ihre Augen gut daran gewöhnt haben. Klopfen Sie die Platine des laufenden Geräts dann (unter strikter Beachtung eines Sicherheitsabstands) mit einem isolierten Schraubenziehergriff oder nichtmetallischem Werkzeug vorsichtig ab – die Kontaktschwäche wird sich durch kleine blaue Funken verraten.*

Tipp *Tipp*

10. **Versuchsweiser Austausch** – wenn ein Gerät gleicher Bauart als Ausschlachtopfer vorhanden ist oder die Analyse den Verdacht auf bestimmte nicht übermäßig teure Bauteile verdichtet hat, lohnt sich oft der versuchsweise Austausch.

Inhaltliche Methode

1. Wenn die formale Methode noch nicht gefruchtet hat, müssen Sie versuchen, den Verdacht inhaltlich auf bestimmte Module oder Stufen zu konzentrieren. Dafür ist natürlich ein Schaltplan unerlässlich, den Sie auch lesen können müssen. Darüber hinaus ist aber auch ein gewisses Verständnis der jeweiligen Schaltungstechnik (Modulation, Digitalisierung, etc.) angebracht. Lassen Sie all Ihre Logik, Intelligenz und Ihren Spür-

Reparaturanleitungen

5

sinn walten und sichern Sie sich soviel elektronisches Grundwissen wie möglich – sparen Sie nicht an Büchern und Lesearbeit.

2. Überprüfen Sie zunächst, ob alle Spannungsversorgungen an den Modulen korrekt ankommen (Platinenaufdrucke und Schaltplan beachten). Wenn Austauschmodule zur Verfügung stehen, können Sie auch einfach per „Kreuzdiagnostik" umstecken.

3. Bauen Sie das verdächtige Modul nach Möglichkeit aus und messen Sie es konsequent durch. Bei zwielichtigen Messergebnissen messen Sie das jeweilige Bauteil im ausgelöteten Zustand noch einmal.

4. Nachdem das Modul ausgemessen ist, kann es wieder eingebaut werden. Versuchen Sie dann bei laufendem Gerät (evtl. im Wechselspannungsmessbereich, besser jedoch mit einem Oszilloskop) unter Berücksichtigung des Schaltplans die Stromversorgung, Eingangssignale und Ausgangssignale sowie interne Signale nachzuweisen. Wenn die Signale in Ordnung sind, wird auch das Modul nicht defekt sein, andernfalls setzen Sie die Suche an den aktiven Bauteilen des Moduls fort. Wer dies vermeiden will, sich nicht zutraut oder keine Muse dazu hat, kann ICs und Halbleiter auch versuchsweise ersetzen.

5. Bei Niederspannungsgeräten ohne Netzpotenzial (wenn also zu hundert Prozent Potenzialtrennung vom Netz durch einen Transformator oder ein Schaltnetzteil gewährleistet ist) hilft oft die „Fingerprobe" in Ermangelung eines Signalgenerators weiter. Durch Berühren der Eingänge oder der Basisanschlüsse von Transistoren mit dem Finger wird ein Brummsignal (50 Herz aber auch HF-Anteile) eingestreut, das sich ausgangsseitig bemerkbar machen muss oder am Modulausgang nachgewiesen werden kann. Berühren Sie dabei wirklich nur einen Punkt der Schaltung![27] Die „saubere Methode" ist natürlich ein richtiger Signalgenerator – aber wer hat den schon.

6. Nach Modulaustausch oder nach Austausch frequenzbestimmender Bauteile sind oft gewisse Einstellvorgänge vonnöten, die nur in „offensichtlichen" Fällen (wie die Bildeinstellung bei TV-Geräten) nach Gefühl geschehen können. Beachten Sie dabei auf alle Fälle die entsprechenden Angaben des Herstellers (Schaltplan), markieren Sie vorher die vorgefundenen Einstellungen, und berücksichtigen Sie, dass viele Einstellungen – im HF-Bereich ausschließlich – nur mit Hilfe spezieller Messapparaturen und -aufbauten durchführbar sind.

---

[27] Wenn die Masse Erdpotenzial hat, Fingerprobe evtl. über Kondensator kleiner Kapazität vornehmen.

5.2 Standarddefekte reparieren

Es gibt eine Reihe von allgemeinen Defekten, auf die Sie besonderes Augenmerk richten sollten, weil sie zu den häufigsten Defekten in elektronischen Geräten gehören: Gehäuse- und Platinenbrüche, Wasserschäden, Feuchtigkeitsschäden, Brandschäden.

Gehäusebruch

Gehäusebrüche müssen ernstgenommen werden, da mit Ihnen nicht nur die grundsätzliche Funktionalität des Geräts, sondern auch die Betriebssicherheit (etwa durch blank liegende Sicherungen oder Netzteile) leidet.

Die Reparatur wird in den meisten Fällen rein mechanische Maßnahmen erfordern und den Einsatz von guten Klebstoffen, zur Not auch Klebebändern, umfassen. Ein eventuell aufgetretener zusätzlicher Platinenbruch sollte natürlich zuvor ausgeschlossen werden Ausgebrochene Schrauben und Befestigungslaschen wird man im Allgemeinen gar nicht mehr reparieren können. Achten Sie bei der Instandsetzung darauf, dass der spätere Zugang zum Innenleben des Geräts und die Betriebssicherheit gewahrt bleiben.

Platinenbruch

Platinenbrüche gehören zu den häufigsten Ursachen für Transportschäden. Sie entstehen generell bei schwerkraftbedingten Gewalteinwirkungen auf ein Gerät, insbesondere wenn massive Bauteile wie Transformatoren oder Drosseln auf der Platine vorhanden sind. Da ein Platinenbruch leicht zu erkennen ist (vgl. Abbildung 5.1 links), fällt er normalerweise bereits bei der ersten genaueren Sichtkontrolle ins Auge.

> **Tipp**
>
> ### Folgeschäden vorbeugen
>
> *Um ernsthaften Bauteildefekten durch den Betrieb eines Geräts bei vorliegendem Platinenbruch vorzubeugen, sollten Sie nach potenziell unvorsichtigen Transporten (Flugzeug, Transportunternehmen, Umzugsfirma) oder unsanftem Fall eines Geräts kurz einen Blick auf die Platinen im Gerät werfen, bevor Sie es wieder in Betrieb nehmen. Nur so können Sie ausschließen, dass ein Platinenbruch auch noch das elektronische Innenleben des Geräts durcheinander bringt.*

Reparaturanleitungen

Die Reparatur eines Platinenbruchs ist im Allgemeinen schnell und unkompliziert:

1. Fixieren Sie die Platinenbruchstücke mechanisch gegeneinander (vgl. Abbildung 5.1 rechts). Das geht entweder per Heißkleber oder durch Anbringen geeigneter Stützelemente – etwa durch weitere Bohrungen in die Platine und das Anbringen von Abstandshaltern (Achtung, keine unbeabsichtigten Massekontakte herstellen).

2. Kratzen Sie an allen Kupferbahnen entlang des Bruchs den Schutzlack mit einem Schraubenzieherende oder einer Klinge auf etwa 10 mm ab, selbst wenn in einer Kupferbahn kein Riss zu erkennen ist.

3. Löten Sie unter Zugabe von reichlich Lötzinn ein Häubchen auf die Kupferbahn (vgl. Abbildung 5.1 rechts). An manchen, besonders beanspruchten Stellen kann es auch erforderlich sein, auf die Lötbahn ein Stück blanke Kupferlitze oder Schaltdraht aufzulöten. Achten Sie dabei aber darauf, dass Sie die Lötbahnen nicht versehentlich untereinander verbinden – falls es doch passiert, nehmen Sie das Lötzinn mit der Entlötpumpe oder der gesäuberten Lötspitze wieder ab. Bei stärkerer Erhitzung trennen sich verbundene Bahnen. Dieses Mittel sollten Sie aber nicht zu stark ausreizen, da Lötbahnen geklebt sind und sich bei zu starker Erhitzung oft ablösen.

4. Messen Sie die Verbindungen durch und prüfen Sie dann, ob nicht noch irgendwelche Bauteile (beispielsweise Widerstände oder Keramikkondensatoren) gebrochen sind.

5. Nehmen Sie das Gerät nach Möglichkeit noch im offenen Zustand vorsichtig in Betrieb. Hierbei müssen Sie gewahr sein, dass die Unterbrechungen auf der Platine möglicherweise schon zu Bauteildefekten geführt hatten, bevor der Platinenbruch aufgefallen ist. Nach Reparatur der Platine können nun sogar noch weitere Defekte bis hin zu kleinen Bränden auftreten.

6. Prüfen Sie alle Funktionen des Geräts, mit denen die Platine vermeintlich etwas zu tun hat.

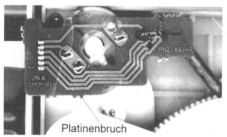 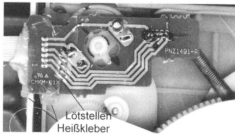

Abb. 5.1: Platinenbrüche werden an der Bruchstelle gelötet, nachdem die Bruchstücke (am besten) per Heißkleber mechanisch fixiert sind – *links* vorher; *rechts* nachher

Wasserschäden, Feuchteschäden

Strom und Wasser waren noch nie gute Freunde. Wo immer Wasser im Spiel ist, und sei es auch nur in Form von Feuchtigkeit oder Kondensation, sind die leicht oxidierenden Materialien, aus denen die Leiterbahnen, sowie Steck- und Schaltkontakte elektronischer Geräte bestehen, stark gefährdet. Wer meint, ein Radio mit in die Dampfsauna nehmen zu müssen, sollte sich nicht wundern, wenn er den Schlusspfiff des Fußballspiels nicht mehr zu hören bekommt …

Frische Wasserschäden reparieren

Ein Wasserschaden zählt zu den traurigeren Kapiteln im Leben eines Geräts – zumal wenn er unbemerkt passiert ist.[28] Oft ist dann Hopfen und Malz verloren, weil viele Bauteile in Mitleidenschaft gezogen werden und auch eine erfolgreiche Reparatur oft nur von kurzer Freude Dauer ist.[29]

Wird der Wasserschaden rechtzeitig vor dem nächsten Einschalten des Geräts bemerkt, hat man die größten Chancen, mit einem blauen Auge davonzukommen:

1. Öffnen Sie das Gerät und trocknen Sie alle zugänglichen Stellen sorgfältig mit einem Haushaltstuch oder einem Fön[30] – besonders die Platinen und die mechanischen Komponenten.
2. Ziehen Sie die betroffenen Stecker der Reihe nach ab und trocknen Sie sie explizit mit dem Fön. Halten Sie den Fön explizit auch auf betroffene Schalter, Taster und Schaltleisten.
3. Lassen Sie das Gerät geöffnet und stellen Sie es am besten in den Heizungskeller oder die Sonne, dass es auch noch die restliche Feuchtigkeit abgeben kann.
4. Warten Sie mit der Inbetriebnahme zwei bis drei Tage.

Ältere Wasserschäden, Feuchteschäden reparieren

Wurde der Wasserschaden vor Inbetriebnahme nicht entdeckt oder liegt ein Feuchteschaden vor, macht er sich im besten Fall durch ein Auslösen der Sicherung bemerkbar. Weitere wahrnehmbare Ursachen sind Knistern während des Betriebs, ein sonderbarer meist

---

[28] Sie glauben gar nicht, wie viele Fernsehreparaturen meine Mutter mit ihrem Hang, Zimmerplanzen auf solchen Geräten abzustellen und fleißig zu gießen, schon provoziert hat. Aber auch Katzen, Mäuse und sonstiges Getier „macht" gerne mal da, wo es nicht soll – was aufgrund der ätzenden Wirkung der Harnsäure ein besonders großes Problem darstellt.

[29] Ein bekanntes Zitat mag es treffend charakterisieren: „S' Wasser is a Luada"

[30] Oder war es der berühmte Fön, der in die Badewanne gefallen ist?

„elektrischer" Geruch, und Ausfälle verschiedenster Art: Bild und Tonstörungen, mechanische Ausfälle, Brände, Feuerzungen etc.

gefährdete Dichtung

Abb. 5.2: Steter Tropfen höhlt den Stein – bei der vorliegenden Zahnbürste wurde mit der Zeit die Dichtung durch die Zahnpasta beschädigt und ermöglichte dann das Einsickern von Wasser in das gesamte Innenleben. Das akkubetriebene Gerät hat einen Konstruktionsfehler, da es senkrecht in die Aufladestation gestellt wird und Wasser eben „gerne" nach unten fließt.

Die Reparatur sieht vom Prinzip her folgende Schritte vor, vielfach wird es bereits zu spät oder der Aufwand zu groß sein, um noch etwas zu retten.

1. Öffnen Sie das Gerät und sichten Sie die Bescherung! Brandspuren und Schwärzungen weisen auf Problemherde hin, ebenso wie starke Oxidbildung (weißliches Pulver, grüne Ausblühungen). Brandspuren führen oft direkt zu Bauteilschäden, aber nicht in jedem Fall.

2. Falls noch feuchte oder nasse Stellen zu sehen sind, trocknen Sie diese zuerst.

3. Reinigen Sie die Platine sowie alle betroffenen Kontakte mit reichlich Kontaktspray und einem Stück faserfreien Stoff oder Taschentuch. Achten Sie insbesondere auf Ausblühungen, die zu Verbindungen von Leiterbahnen oder Anschlüssen geführt haben können – in deren elektrischer Umgebung sind auch defekte Bauteile zu befürchten.

4. Bei Brandschäden ist häufig die Platine in Mitleidenschaft gezogen. Beachten Sie dazu die Hinweise im folgenden Abschnitt.

5. Reinigen Sie alle oxidierten mechanischen Bauteile. Auch dafür können Sie Kontaktspray verwenden. Lagern, Gleitlagern und Zahnrädern sollten Sie danach etwas Fett spendieren.

6. Geben Sie dem Gerät Zeit zum Trocknen und klären Sie dann, ob elektrische Defekte vorliegen, indem Sie verdächtige oder gefährdete Bauteile durchmessen.

7. Treffen Sie gegebenenfalls Maßnahmen, um nachfolgende Wassereinbrüche zu vermeiden oder zu erschweren – Austausch von Dichtungen, Aufbringen von Akryl-Klarlack (Preis: ca. 5 €).

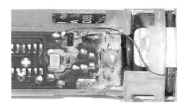

Abb. 5.3: Oxidspuren dieser Art sind zwar nicht mehr gefährlich, sollten aber dennoch gründlich entfernt werden, um weitere Korrosion zu unterbinden ...

Brandschäden

Äußerliche Brandschäden sind nicht so tragisch, wenn das Gehäuse seiner schützenden Funktion noch nachkommt. Gemeint sind hier innere Brandschäden auf Platinen, die als Folge abgebrannter Widerstände, Kondensatoren, Halbleiter sowie Wicklungen oder im Zusammenhang mit Wassereinbrüchen entstanden sind. Die Platine wird an dieser Stelle um das Bauteil herum brüchig geworden sein und auch abgelöste Kupferbahnen aufweisen. Beides trägt dazu bei, dass die zu ersetzenden Bauteile oft keinen rechten mechanischen Halt mehr finden. Mehrschichtig kontaktierte Platinen werden oft nicht mehr zu retten sein, haben aber den Vorteil, dass sie vom Material her (Epoxidharz) um einiges resistenter gegenüber Hitzeeinwirkung sind als herkömmliche Pertinax-Platinen.

1. Versuchen Sie, alle beschädigten Verbindungen und die Lage der abgelösten Kupferbahnen auf der Platine in Form einer Zeichnung zu rekapitulieren. Das geht am besten anhand eines Schaltplans, oft reicht aber auch ein gewisses elektronisches Know-how.

2. Brechen Sie die verkohlten und weich gewordenen Anteile der Platine aus.

3. Falls große Teile der Platine beschädigt sind, kleben Sie mit einem guten Kleber ein passendes Stück einer Lochraster-Platine auf. Dann löten Sie die zu ersetzenden Bauteile auf und verdrahten Sie diese entsprechend der Zeichnung „zu Fuß". (Bei Anschlüssen, zwischen denen hohe Spannung liegt, empfiehlt es sich, ein Lötauge dazwischen freizulassen und dieses per Hitze mit dem Lötkolben oder mit mechanischen Mitteln zu entfernen.)

Reparaturanleitungen

5

4. Ist nur ein kleiner Teil der Platine beschädigt, kann das Bauteil unter Verlängerung der Anschlüsse direkt durch das Loch hindurch eingelötet und dann per Heißkleber fixiert werden. Bei Leistungsbauteilen, die sich erhitzen, sollten Sie eine temperaturfestere Art der mechanischen Stabilisierung finden (Zweikomponentenkleber), die aber die Wärmeabstrahlung und -konvektion noch gewährleistet.

5.3 Fernbedienungen

Mit Blick auf die zunehmende Amerikanisierung des guten alten Pantoffelkinos bleibt dem Zuschauer als einziges Mittel gegen die immer länger und häufiger werdenden Werbepausen der meisten Sender nur eine gut funktionierende Fernbedienung – neben dem Aussschalter versteht sich. In der Tat werden Sie heute kaum noch ein zur Unterhaltungselektronik zählendes Gerät erwerben können, das keine Fernbedienung besitzt, es sei denn, das Gerät ist dafür konzipiert, direkt am Körper getragen zu werden. Seit die Gerätehersteller inzwischen auch so weit gehen, den vollen Satz an Bedienfunktionen nur noch per Fernbedienung anzubieten, ist ein Ausfall der Fernbedienung natürlich um so schmerzlicher, zumal sich die Hersteller selbst nach 20 Jahren Fernbedienungstechnologie immer noch nicht zu einer Standardisierung durchgerungen haben, die es erlauben würde, herstellerübergreifend alle Geräte mit nur einer Fernbedienung zu steuern (mit jedem neugekauften Gerät hätte man dann auch gleich Ersatz). So finden sich im „Wohnzimmer des angehenden 21. Jahrhunderts" denn oft mehr Fernbedienungen als Bücher im Bücherregal.

Fehlerbilder einer Fernbedienung

Die Signalübertragung passiert heutzutage standardmäßig per Infrarotmodulation mit digitaler Codierung, wobei wie gesagt jeder Hersteller seinen eigenen Code verwendet. Eine moderne Fernbedienung enthält an Elektronik oft nicht viel mehr als ein zentrales IC, das die Tastatur abfragt und ein – gegebenenfalls noch per Transistor verstärktes – moduliertes Signal direkt an die Sendedioden schickt. Hier kann eigentlich nicht mehr viel kaputt gehen. Um so lohnender ist daher die Reparatur, sofern es nicht gerade das IC erwischt hat, was sehr unwahrscheinlich ist. In 99% der Fälle liegt ein mechanischer Schaden vor, der entweder auf einen oder mehrere unsanfte Stürze oder eine verschmutzte Tastatur zurückzuführen ist.

Fehlerbild	Gerät reagiert auf Bedienfeld, jedoch nicht mehr auf Fernbedienung.
mögliche Ursachen	Batterien leer (beispielsweise: etwas lag auf der Tastatur und hat „Dauerfeuer" produziert, bis die zuvor noch intakte oder eventuell vor kurzem erst neu eingelegte Batterie aufgegeben hat);

	Kontaktzungen an den Batterien sind durch Sturz plattgebogen und geben keinen Kontakt mehr (Batterien sind schwer und besitzen einiges an Masseträgheit). Die Diagnose erfolgt durch einfaches Schütteln. Scheppern die Batterien?
Abhilfe	Batterien versuchshalber austauschen, Kontaktzungen nachbiegen.
mögliche Ursachen	Platinenbruch.
Abhilfe	Vgl. Abschnitt „Platinenbruch", Seite 121.
Fehlerbild	Manche Bedienfunktionen gehen nicht gleich auf's erste Mal.
mögliche Ursachen	Kontaktflächen der Tastatur verschmutzt.
Abhilfe	Gehäuse öffnen, Platine abschrauben und Tastatur mit Spiritus säubern.

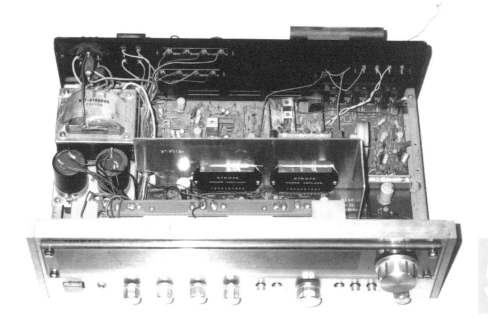

Abb. 5.4: Innenansicht eines Stereoverstärkers mit Hybridendstufen, links mit den beiden großen Siebkondensatoren das Netzteil für die gesplittete Stromversorgung

Reparaturanleitungen

5

5.4 Stereoverstärker

Die Funktionsprinzipien und Grundschaltungen von Verstärkern können Sie unter Abschnitt „Signalverstärker, Vorverstärker" ab Seite 112 nachlesen. Abbildung 5.5 zeigt den modularen Aufbau eines typischen Stereoverstärkers mit mehreren Eingängen. Edlere Geräte sind mit einer Einschaltverzögerung (Relais) und einem evtl. damit gekoppelten elektronischen Überlastschutz versehen. Der Überlastschutz reagiert auf Schaltungsdefekte, die durch Kurzschlüsse in der Endstufe sowie durch thermische Überbelastung der Endstufenstransistoren entstehen. Häufig löst der Überlastschutz nur während des Leistungsbetriebs oder bei angeschlossenen Lautsprechern aus. Das kann ein Hinweis auf einen verschobenen Arbeitspunkt oder eine zu geringe Lautsprecherimpedanz sein.

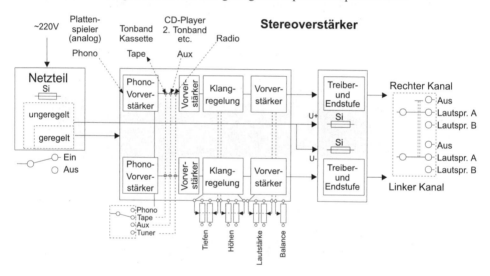

Abb. 5.5: Modularer Aufbau eines Stereoverstärkers

> *Bei der Fehlersuche kann man sehr gut die Tatsache ausnutzen, dass zwei gleich aufgebaute Kanäle vorhanden sind (Vergleichsmessung). Ist der Fehler diffizil, können Sie auch versuchsweise einzelne Bauelemente der Kanäle austauschen.*

Fehlerbilder eines Stereoverstärkers

Die Fehlerbilder eines Stereoverstärker sind recht weit gestreut. Bei älteren Geräten mit mechanischen Bedienelementen sind meist diese an zeitweisen Ausfällen schuld. Hier kann man mit Kontaktspray, besser aber mit einer echten Wartung der betroffenen Bauteile zu Werke gehen. Die Diagnose umfasst das häufige Schalten der Bedienelemente, begleitet von Klopfen (mechanischer Erschütterung). Meist verrät sich das Element, wenn die Funktion kurz (hörbar) einsetzt.

Totalausfälle sind hingegen fast immer Folge einer Überlastung in Form eines Kurzschlusses, falscher Lautsprecherimpedanzen oder von Kühlproblemen. In der Regel sind dann die Treibertransistoren sowie die Endstufentransistoren eines Kanals bzw. das Hybridmodul zusammen mit einer der Sicherungen defekt.

Fehlerbild	Keine Funktion; keine Anzeige, beide Kanäle stumm.
mögliche Ursachen	Stromversorgung, Einschalter, Sicherungen, Netzteil (meist in Verbindung mit einer durchgebrannten Endstufe).
Abhilfe	Stromversorgung sicherstellen (Abschnitt „Netzteile", Seite 103), vor Inbetriebnahme auch die Endstufen sorgfältig durchmessen und gegebenenfalls in Stand setzen.
mögliche Ursachen	Überstromschutz wegen Kurzschluss in Endstufe aktiv oder Einschaltverzögerung defekt (z.B. Relaiskontakte oder Schalttransistor).
Abhilfe	Wenn Relais nicht klickt, zuerst Endstufen- und Treibertransistoren prüfen. Wenn wirklich in Ordnung, Schaltung für Einschaltverzögerung nachmessen (Schalttransistor gegebenenfalls austauschen). Wenn Relais klickt, aber nicht durchschaltet, Kontakte säubern. Falls das nichts hilft, Endstufen versuchshalber einzeln abhängen. Vielleicht ist ja auch ein Kondensator durchgeschlagen. Messergebnisse kanalweise vergleichen.
Fehlerbild	Keine Funktion; Anzeige vorhanden, aber beide Kanäle stumm.
mögliche Ursachen	Meist Schalter für Lautsprechergruppe defekt oder verstellt (keine Fehlfunktion), geregeltes Netzteil für Vorstufe oder dessen Sicherung defekt.
Abhilfe	Schalter mechanisch ausprobieren und durchmessen. Sicherungen prüfen. Längsregler und Referenzglied des geregelten Netzteils prüfen (siehe auch Seite 103).
Fehlerbild	Keine Funktion, beide Kanäle rauschen leicht.
mögliche Ursachen	Tape-Monitor gedrückt oder Hinterbandkontrolle aktiviert (kein Fehler); Eventuell Schalter für Kopfhörerausgang mechanisch defekt. Brücke zwischen Vorstufe und Endstufe für Effekte, externe Klangkontrolle und Mischer nicht vorhanden (kein Fehler).
	Netzteil: geregelte Spannung für Vorverstärkung und Klangregelung fehlt, Bereichsschalter für Eingänge mechanisch defekt.

Reparaturanleitungen

5

genauere Diagnose	Falls sich das Rauschen mit Betätigung der Klangreglung hörbar verändert, liegt der Fehler vor dieser Stufe, ansonsten danach (ein sehr leises Rauschen kann auf einen Fehler in einem IC der Treiberstufe für die Endstufe, hindeuten). Gleiches gilt für die Lautstärkeregelung. Ist der Fehler nur für einen bestimmten Eingang vorhanden, Eingang wechseln (vielleicht kommt auch gar kein Signal an) und Bereichsschalter überprüfen. Eingangsverstärker prüfen (Spannungsstabilisierung prüfen, IC versuchshalber auswechseln).
Abhilfe	Je nach Ergebnis der Diagnose.
Fehlerbild	Ein Kanal ist tot; auch kein leichtes Rauschen hörbar.
mögliche Ursachen	Verbindung zu Lautsprecher ist unterbrochen oder hat Kurzschluss; Kondensator in Frequenzweiche ist durchgeschlagen.
Abhilfe	Lautsprecher ab Verstärkeranschluss durchmessen. Ist Knackgeräusch beim Anlegen der Messspitzen hörbar? Falls nicht, sollte der Messwert ja nach Impedanz des Lautsprechers 4 oder 8 Ω betragen. Beträgt er weniger als 4 Ω, besteht wahrscheinlich ein Kurzschluss in der Leitung oder in einem Kondensator der Frequenzweiche (Messwerte beider Lautsprecher vergleichen).
mögliche Ursachen	Sicherung, Endstufe defekt zum Beispiel nach Kurzschluss in Lautsprecher oder -zuleitung, Lautsprecher defekt.
genauere Diagnose	Wenn *kein* Verdacht auf Kurzschluss im Lautsprecher besteht, Lautsprecher nur vertauschen. Ist das Fehlerbild mitgewandert? Dann ist der Lautsprecher schuld; sonst: Sicherung des Kanals prüfen. Wenn diese defekt ist, Endstufe durchmessen (meist sind Endstufen- *und* Treibertransistoren defekt, evtl. nur Unterbrechung durch Widerstand oder kalte Lötstelle). Nach Wiedereinsetzen der Sicherung und Prüfung der Endstufe, Kanal ohne Lautsprecher und Signal betreiben und Spannungen am Ausgang messen, um einer Zerstörung des Lautsprechers vorzubeugen. Ist Wechselspannung vorhanden, schwingt die Endstufe aufgrund eines weiteren Bauteildefekts jenseits des Hörbereichs; ist Gleichspannung vorhanden, stimmt die Symmetrie nicht und/oder weitere Transistoren/Dioden sind defekt.
Abhilfe	Austausch je nach Ergebnis der Diagnose; nach Austausch von Endstufentransistoren: Ruhestrom- und Symmetrieeinstellung nach Schaltplan; bei Schwingen nach Austausch der Sicherung: Gegenkopplungszweig prüfen.
Fehlerbild	Ein Kanal ist tot; leichtes Rauschen ist hörbar.
mögliche Ursachen	Evtl. vorgeschaltetes Gerät oder Eingangsverbindungskabel defekt.

Abhilfe	Anderes Gerät am Eingang versuchen, Stecker überprüfen, wenn möglich, Kanäle versuchsweise austauschen.
mögliche Ursachen	Bereichsumschalter, Lautstärke- oder evtl. Klangregler hat Kontaktschwäche oder (wenn digital) Defekt, Mono-/Stereoumschaltung defekt, Klangbildumschaltung defekt.
Abhilfe	Nachmessen und ggf. in Stand setzen (Kontaktspray versuchen, besser Reinigung der Kontakte, Nachspannen der Federn).
mögliche Ursachen	Defekt in Vorverstärker (Transistor oder IC) oder Klangregler.
Abhilfe	Defekt mit Fingerprobe aufspüren, Symmetrie der beiden Kanäle ausnutzen.
Fehlerbild	Ausgangssignal beider Kanäle verzerrt.
mögliche Ursachen	Generelle Übersteuerung durch vorgeschaltetes Gerät (oft bei Phonoeingang) oder Cinch/DIN-Adapter.
Abhilfe	Eingangspegel drosseln (bei Plattenspielern mit eigenem Vorverstärker statt dem Phono- den Aux-Eingang benutzen).
mögliche Ursachen	Geregelte Stromversorgung hat Defekt oder zeigt Eigenschwingung).
Abhilfe	Geregeltes Netzteil überprüfen, evtl. Kondensator kleiner Kapazität in der Nähe des Spannungskonstanters austauschen bzw. einbauen (vgl. Abschnitt „Netzteile", Seite 103).
mögliche Ursachen	Eine Versorgungsspannung ist ausgefallen (Kontaktproblem, kalte Lötstelle?); Sicherung, Gleichrichter, Trafo defekt (vielleicht auch Kurzschluss in Endstufe).
Abhilfe	Kontaktproblem durch Messung einkreisen und beheben. Gleichrichter oder Trafo gegebenenfalls austauschen, bei defekter Sicherung auch Endstufe und Treiberstufe beider Kanäle überprüfen.
Fehlerbild	Ausgangssignal eines Kanals ist stark verzerrt.
mögliche Ursachen	Symmetrie der Gegentaktendstufe durch Halbleiterausfall, kalte Lötstelle oder defekten Lastwiderstand total verschoben, Kontaktschwäche am Symmetrieregler.
Abhilfe	Symmetriespannungen der Endstufe nachmessen (Vergleichsmessung mit intaktem Kanal), wenn verschoben, alle Halbleiter, Widerstände und Lötstellen der Gegentaktendstufe prüfen.
mögliche	Vorverstärker- oder Klangreglerstufe hat defekten Halbleiter; Kontakt-

Ursachen	schwäche in Klangbildschalter.
Abhilfe	Verdacht durch Vertauschen der Kanäle erhärten. Kältespray versuchen, Bauteile nachmessen.
Fehlerbild	Ausgangssignal eines Kanals ist leicht verzerrt.
mögliche Ursachen	Symmetrie leicht verschoben oder Defekt in Vorstufen, evtl. auch hoher Übergangswiderstand im Bereichsschalter, Klangregler oder Klangbildschalter.
Abhilfe	Symmetrieeinstellung, Vorstufe und Klangregelung, Bereichsschalter überprüfen.
Fehlerbild	Starkes Brummen auf beiden Kanälen.
mögliche Ursachen	Siebung im Netzteil mangelhaft: einzelne Diode von Brückengleichrichter durchgeschlagen, Siebkondensator defekt.
Abhilfe	Siebkondensatoren und Gleichrichter überprüfen.
mögliche Ursachen	Verstärker schwingt jenseits des Hörbereichs (Endstufen werden heiß).
Abhilfe	Gegenkopplung überprüfen, geregeltes Netzteil für Vorstufe auf Schwingneigung überprüfen, evtl. Kondensator kleiner Kapazität in der Nähe des Spannungskonstanters austauschen bzw. einbauen (vgl. Abschnitt „Netzteile", Seite 103).
Fehlerbild	Starkes Brummen auf beiden Kanälen, ein Kanal brummt stärker.
mögliche Ursachen	Ruhestrom oder Arbeitspunkt einer Endstufe stark erhöht; ein Kanal schwingt.
Abhilfe	Erhitzung der Halbleiter feststellen; evtl. Kondensator durchgeschlagen.
Fehlerbild	Ein Kanal brummt.
mögliche Ursachen	Brummschleife in Vorstufe oder fehlender Massekontakt bei Eingangssignal (z.B. Plattenspieler) – Fehler kann diffizil sein.
Abhilfe	Eingangskabel überprüfen und abstecken, wenn Fehler immer noch da, Fingerprobe in Vorstufe. Bei getrennter Stromversorgung für die beiden Kanäle: siehe Fehlerbild „Starkes Brummen auf beiden Kanälen".
Fehlerbild	Starkes Rauschen in einem Kanal.
mögliche Ursachen	Transistor oder IC in Vorstufe ist gealtert.
genauere Diagnose	Einsatz von Kältespray: Verändert sich Rauschen bei Kälteschock, ist das Bauteil gefunden; Versuchsweiser Austausch einzelner Halbleiter

Reparaturanleitungen

	mit anderem Kanal. Am leichtesten lässt sich der Fehler mit einem Os-zilloskop finden.
Abhilfe	Austausch.

5.5 Tuner und Empfänger

Die Reparatur von Hochfrequenzschaltungen ist naturgemäß eine heikle Angelegenheit und in heutigen Zeiten kaum mehr lohnend – speziell, wenn das dafür unbedingt notwendige theoretische Wissen und die geeigneten Messgeräte fehlen. Vielfach ist nach Austausch eines Bauelements ein Einstellvorgang notwendig, der vom Laien nicht mehr bewältigt werden kann. Kurz gesagt, hier ist die Grenze der Selbstreparatur schnell erreicht, wenn die formale Methode keine Ergebnisse bringt. Dennoch einige Hinweise:

➤ Bevor von einem Ausfall des Empfängers überhaupt ausgegangen werden kann, ist die Wirksamkeit des Antennenanschlusses zu überprüfen (Abschlusswiderstand in der Antennendose vorhanden?) – am besten durch ein ähnliches Gerät. Fällt der Verdacht eindeutig auf den Empfänger, werden in erster Linie „gealterte" oder defekte Halbleiter in Betracht kommen.

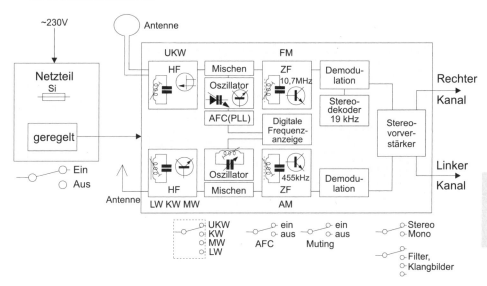

Abb. 5.6: Modularer Aufbau eines Allbereichstuners

➤ Ein wenig „Einsicht" bringen Kältespray und Fön, wenn das Fehlerbild auf thermische Erscheinungen schließen lässt. Oft ist auch die Konstanz der Versorgungs- und Abstimmspannungen nicht gewährleistet.

➤ Stark verrauschte Signale (Bild oder Ton) lassen auf „gealterte" Transistoren im HF-Bereich schließen, weniger verrauschte, aber sehr schwache Signale werden dem ZF-Bereich entstammen. Generell wird bei reinem Rauschen die Fehlerquelle umso näher am Antenneneingang liegen, je stärker es ist. Eine Fingerprobe, die HF einstreut, kann hilfreich sein, wenn überhaupt kein ordentlicher Signalanteil passieren kann.

➤ Meist besteht eine Empfangsschaltung aus wenigen aktiven Bauelementen, die noch dazu recht billig sind. Ein versuchsweiser Austausch von Transistoren oder ICs – je nach Verdachtsmoment – hilft da manchmal besser weiter als aufwändige Messungen.

5.6 Bandgeräte: Kassettenrecorder etc.

Kassettenrecorder, Diktiergeräte, Kassetten-Anrufbeantworter und Tonbandgeräte arbeiten nach dem gleichen Prinzip: das niederfrequente Tonsignal wird von einem statischen Tonkopf auf ein vorbeilaufendes Tonband aufgezeichnet und von dort in derselben Geschwindigkeit wieder abgelesen. Der Tonkopf besteht aus einer hochohmigen Spule mit Kern, welcher dort, wo das Band vorbeiläuft, einen mikroskopisch kleinen Spalt besitzt. Bei Stereogeräten besteht der Tonkopf aus zwei und bei Stereo-Auto-Reverse-Geräten oder Vierspurmaschinen aus vier solchen Einheiten. Eine komplizierte Mechanik mit ein oder zwei Motoren, ermöglicht es, dass das Band sowohl schnell hin- und hergespult (Vorlauf/Rücklauf) werden als auch in konstanter Geschwindigkeit (Aufnahme/Wiedergabe) am Tonkopf vorbeilaufen kann. Der nötige Gleichlauf während der Signalübertragung wird dadurch erreicht, dass das Band von einer Gummiandruckrolle auf die drehzahlgeregelte Capstanwelle (eine „nagelförmige", glatte Welle aus nichtmagnetischem Metall, die mit einer Schwungscheibe gekoppelt ist) gedrückt wird.

Den modularen Aufbau mit Signalverläufen entnehmen Sie Abbildung 5.7. An zentraler Stelle sitzt pro Kanal ein mehrstufiger Kleinsignalverstärker (meist IC, vgl. Abbildung 4.4), dem zusätzliche Klangfilter (Vormagnetisierungsunterdrückung, Höhenkorrektur, Bandcharakteristikfilter, Dolby, MPX etc.) vor- bzw. nachgeschaltet sind. Ein üblicherweise mechanisch betätigter, vielkontaktiger Aufnahme/Wiedergabeschalter bestimmt die logische Richtung des Signalwegs, der entweder vom Tonkopf über den Verstärker zum Signalausgang OUT verläuft oder vom Eingang IN bzw. MIC über den Verstärker zum Tonkopf. Während des Aufnahmevorgangs wird zusätzlich der Löschkopf durch ein oberhalb des Hörbereichs liegendes Signal aktiviert, der die bestehende Magnetisierung des Bands kräftig überschreibt. Auch das Aufnahmesignal erfährt eine Überlagerung durch ein ähnliches Signal (Vormagnetisierung), welches den Rauschanteil der Aufzeichnung erheblich zu senken vermag.

Bei magnetischen Tonaufzeichnungsgeräten kommen in erster Linie mechanische Ursachen für Ausfälle oder Tonqualitätseinbußen in Betracht. Verschmutzungen der Tonköpfe, des Löschkopfs, der Gummiandruckrolle(n) sowie auch der Antriebsgummis lassen sich einfach mit ein wenig Spiritus und Wattestäbchen beseitigen. Die Reinigung sollte turnusmäßig erfolgen. Bei älteren Geräten kann ein Austausch insbesondere der Gummiteile erforderlich sein. Meist sind diese aber nur noch bei Markenherstellern auf Lager.

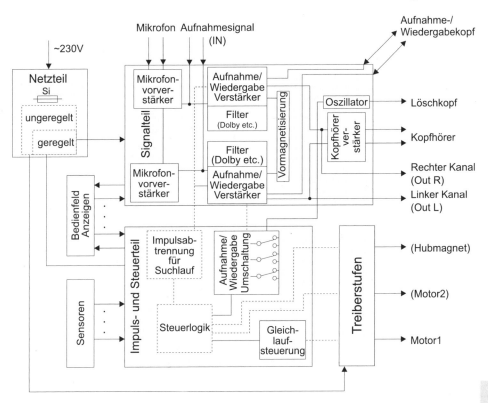

Abb. 5.7: Modularer Aufbau eines Kassettenrecorders oder Tonbandgeräts mit Signalverläufen – die Steuerlogik kann „intelligent" (IC) oder durch rein mechanische Schaltfunktionen realisiert sein

Hinweise auf eine fällige Tonkopf-Reinigung (ca. 80%), -Entmagnetisierung (ca. 18%) oder -Justierung (2%) bei guten Aufnahmen geben dumpf klingende Wiedergabesignale mit geringem Höhenanteil. Überspielerscheinungen in Aufnahmen (die vorherige Aufnahme wird nicht richtig gelöscht) verweisen dagegen auf eine Verschmutzung des Löschkopfes oder ein fehlendes Löschsignal (Oszillator); oft auch auf eine schlechte Bandqualität. Für die Tonkopf-Entmagnetisierung gibt es spezielle Tonkopf-Entmagnetisier-Cassetten (Preis: ca. 11 €) oder Entmagnetisierdrosseln (Preis: ca. 9 €). Das Prinzip ist auf Seite 57 näher erläutert. Der Vorgang dauert nicht länger als ein paar Sekunden und kann jederzeit wiederholt werden.

Abb. 5.8: Innenansicht eines Tapedecks – *links* Laufwerk mit Antriebsmotor und Schwungscheibe; *rechts* Platine mit zentralem Aufnahme-/Wiedergabe-Schalter

Bei leiernder Wiedergabe (und Aufnahme) sollten Sie zuerst die Andruckrolle(n) und Capstanwelle(n) reinigen, und wenn das nicht hilft, die Antriebsmechanik überprüfen (beim Ölen der Mechanik, Gummianteile „verschonen" und gut mit Spiritus reinigen). Seltener werden Gleichlaufschwankungen aber auch von einem Defekt in der elektronischen Geschwindigkeitsregelung des Capstanmotors herrühren. Im Allgemeinen ist dann ein Austausch des Motors erforderlich.

Das Standardfehlerbild ist der Ausfall oder das Schwingen eines Kanals (Aufnahme und/oder Wiedergabe), das sich zu 99% auf Kontaktschwächen des zentralen Aufnahme/Wiedergabeschalters (Schaltleiste) zurückführen lässt. Der Fehler ist in „gutmütigen" Fällen durch einen kräftigen Schuss Kontaktspray zu beheben, ansonsten muss der mehrpolige Schalter evtl. ausgebaut und mechanisch gereinigt werden – eine Arbeit, die zwar etwas knifflig ist, sich aber immer rentiert (vgl. Abbildung 5.9).

In manchen Fällen wird beim Abspielen von Fremdaufnahmen anhand der Tonhöhe eine falsche Bandlaufgeschwindigkeit festzustellen sein. In diesem Fall muss die Geschwindigkeit des Capstanmotors (Antriebsmotor) am zuständigen Trimmwiderstand justiert werden. Dieser Widerstand sitzt entweder im Motorgehäuse selbst (kleinen Schraubenzieher in runde Öffnung am Gehäuse einführen) oder auf der Platine – in der Nähe der Anschlüsse für den Motor.

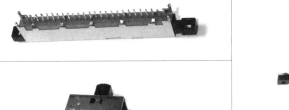

Abb. 5.9: Schaltleisten und vielbeinige Schalter lassen sich gut demontieren und reinigen, der Ausbau erfordert aber Geschick beim Löten

Tipp *Tipp*

Motorgeschwindigkeit justieren

Nehmen Sie auf einem „guten" Bandgerät gegebenenfalls per Mikrofon einige Minuten lang einen reproduzierbaren und nicht zu tiefen Referenzton auf – den Kammerton „a" gibt es beispielsweise per Telefon oder auf einem Musikinstrument. Spielen Sie dann das Band auf dem einzustellenden Gerät ab und beginnen Sie mit dem Justiervorgang. Sobald die Töne identisch sind und keine Schwebung mehr zu hören ist, stimmt die Geschwindigkeit.

Tipp *Tipp*

Fehlerbilder von Kassettenrecodern und Bandgeräten

Kassettenrecorder und Bandgeräte ganz allgemein sind meist kleine mechanische Wunderwerke, die wie jede Mechanik einem gewissen Verschleiß durch Alterung und Verschmutzungen unterliegen. Eingriffe in eine solche Mechanik erfordern großes feinmechanisches Geschick und ein gutes Vorstellungs- und Erinnerungsvermögen beim Wiederzusammenbau nach erfolgter Demontage. Oft hat sich nur ein Federchen gelöst oder eine Blechnase verbogen; mitunter sind aber auch abgebrochene Kunststoffnasen oder -ärmchen das Todesurteil für eine solche Mechanik. Der Improvisation sind hier keine Grenzen gesetzt (Sekundenkleber, Nadeln und Stifte einschweißen). Außer Gummisätzen werden Sie keine Ersatzteile für ein Laufwerk erhalten.

Gummiantriebe sind ein leidiges Kapitel. Da Gummi altert, verlieren die Antriebsgummis, Gummiandruckrollen sowie sonstige auf Gummireibung basierende Kopplungen nach ein

Reparaturanleitungen

paar Jahren ihre Griffigkeit. Häufig reicht dann eine Reinigung mit einem in Spiritus getränkten Wattestäbchen. Anhand der Schwärzung der Watte sehen Sie, wieviel Schmutz (Staub von Magnetbändern etc.) vorhanden war. Ist kaum eine Verfärbung der Watte zu erkennen, hat das Gummi aus Altersgründen seine Griffigkeit verloren. In diesem Fall hilft nur noch ein Austausch. Austauschsätze sind erhältlich, jedoch nur für Markengeräte (und auch nicht ewig). In Fundgruben, aber auch im regulären Lieferprogramm von Elektronikgeschäften werden häufig Sets aus Antriebsgummis mit verschiedenen Größen und Durchmessern angeboten. Hier sollten Sie zugreifen, um für den Ernstfall gewappnet zu sein.

„Walkmänner" und die Laufwerke portabler Kassettengeräte (Gettoblaster), die womöglich auch einige Zeit an einem Strand ihren Dienst verrichten mussten, sind meist durch harte Partikel (Quarzsand) verschmutzt. Diese Partikel sind Gift für die (hauptsächlich aus Kunststoffformteilen) bestehende Mechanik. Gibt es „Sand im Getriebe", lagern sich gerade in den Zahnlücken von Zahnrädern gerne Verschmutzungen an, die sägende Laufgeräusche bei der Wiedergabe sowie beim Hin- und Herspulen verursachen. Sie können versuchen, diese Verschmutzungen mit einem Zahnstocher (kein Metall oder Messer, da zu hart) vorsichtig aus den Zahnlücken zu entfernen. Das Laufgeräusch wird dann verschwinden.

Fehlerbild	Bandsalat, obwohl beide Spulen laufen.
mögliche Ursachen	Gummiandruckrolle verschmutzt, Kassette schwergängig.
Abhilfe	Band vollständig aus der Mechanik entfernen (evtl. zerschneiden) und Andruckrolle(n) mit Spiritus reinigen, Kassette hin- und herspulen.
Fehlerbild	Bandsalat, Aufrollspule dreht nicht.
mögliche Ursachen	Bei zweimotorigem Gerät: Wickelmotor dreht nicht, sonst: Fehler in der mechanischen Kraftübertragung, evtl. Antriebsgummi verschmutzt, gerissen oder ausgeweitet.
Abhilfe	Wickelmotor auf Funktion überprüfen, Bandtellerantrieb warten, Antriebsgummis reinigen oder austauschen.
Fehlerbild	Band steht.
mögliche Ursachen	Gummiriemen für Capstanantrieb lose oder gerissen, Capstanmotor (Hauptmotor) dreht nicht.
Abhilfe	Gummiriemen überprüfen, Betriebsspannung an Capstanmotor nachweisen und Motor ggf. ersetzen bzw. Motorsteuerung überprüfen.
mögliche Ursachen	Pauseschaltung defekt (meist mechanischer Fehler, zum Beispiel Feder ausgehakt); Kassette verklemmt.

Abhilfe	Mechanische Ursache beseitigen, Steuerlogik überprüfen, evtl. Steuersignal für Pause einfach außer Kraft setzen.
Fehlerbild	Wiedergabegeschwindigkeit falsch.
mögliche Ursachen	Geschwindigkeitseinstellung des Capstanmotors (evtl. Gleichlaufsteuerung defekt).
Abhilfe	Geschwindigkeit einstellen (siehe Praxistipp) oder Gleichlaufsteuerung überprüfen.
Fehlerbild	Ein Kanal fehlt manchmal.
mögliche Ursachen	Aufnahme/Wiedergabe-Schalter hat Kontaktfehler (Standardproblem).
Abhilfe	Schalter mit Kontaktspray oder mechanisch reinigen (dazu ausbauen) und wiederholt manuell betätigen.
mögliche Ursachen	Überspielkabel oder Steckverbindung hat Wackelkontakt.
Abhilfe	Signalweg durchmessen (Kabel dabei auch bewegen) Steckverbindung evtl. nachbiegen und mit Kontaktspray reinigen.
Fehlerbild	Ein Kanal fehlt immer (auch bei Aufnahme wird nur ein Kanal) aufgenommen.
mögliche Ursachen	Bei DIN-Stecker: falsches Überspielkabel.
Abhilfe	Austausch.
mögliche Ursachen	Signalkabel und Lötstellen am Tonkopf prüfen.
Abhilfe	Signalleitung zu Tonkopf ist unterbrochen (häufig direkt am Tonkopf).
mögliche Ursachen	Aufnahme-/Wiedergabeverstärker ist defekt, evtl. auch Umschalter.
Abhilfe	Verstärker prüfen (Fingerprobe) und Umschalter durchmessen.
Fehlerbild	Ein Kanal fehlt immer, aber nur bei Aufnahme oder nur bei Wiedergabe.
mögliche Ursachen	Überspielkabel hat Unterbrechung (Diagnose: bei Cinch-Stecker, Kanäle vertauschen, oder durchmessen) oder Aufnahme/ Wiedergabe-Schalter ist defekt.
Abhilfe	Signalweg prüfen, Aufnahme-/Wiedergabeschalter warten.
mögliche	Vorstufe defekt.

Ursachen	
genauere Diagnose	Leere Kassette abspielen und mittels Fingerprobe beide Kanäle symmetrisch verfolgen, bis der Defekt gefunden ist, dabei Hörvergleich zwischen den beiden Kanälen anstellen. Der Fehler sitzt da, wo der Vergleich abreißt.
Fehlerbild	Aufnahme und Wiedergabe leiern.
mögliche Ursachen	Gleichlaufstörungen durch Verschmutzung oder Abnutzung der Gummiandruckrolle(n) oder Capstanwelle verbogen.
Abhilfe	Gummiandruckrolle reinigen, austauschen. Bei verbogener Capstanwelle dürfte die Reparatur nicht mehr rentabel sein.
mögliche Ursachen	Motorgleichlauf gestört (Lager defekt oder geregelte Ansteuerung instabil).
Abhilfe	Motor bei defektem Rotorlager austauschen, elektronische Steuerung auf Regeleigenschaft überprüfen (Spannung, Strom).
Fehlerbild	Aufnahme und Wiedergabe sind dumpf (gegenüber Vergleichsgerät).
mögliche Ursachen	Tonkopf ist verschmutzt oder magnetisiert (dann evtl. Gleichspannungspotenzial im Aufnahmesignal, wegen Fehler im Aufnahme-/Wiedergabeverstärker).
Abhilfe	Tonkopf mit Spiritus (nicht mit Wasser!) und weichem Wattestäbchen oder Papiertaschentuch reinigen und evtl. entmagnetisieren. Wenn Gleichspannungspotenzial (auch nur sehr schwach) vorhanden, evtl. zusätzlich den Kopplungskondensator im Aufnahme-/Wiedergabeverstärker austauschen.
mögliche Ursachen	Tonkopf ist dejustiert oder Band ist gealtert.
Abhilfe	Tonkopf nach Gehör justieren – auf maximale Höhenwiedergabe einstellen.
Fehlerbild	Aufnahme und Wiedergabe sind auf beiden Kanälen verrauscht.
mögliche Ursachen	Bandqualität ist schlecht; Dolby-Aufnahme, evtl. Filter oder Dolby-Schalter defekt.
Abhilfe	Band überprüfen, Aufnahme mit Dolby abspielen, Schalter für Filter reinigen.
mögliche Ursachen	Vormagnetisierung fehlt.
Abhilfe	Oszillator und Mischung überprüfen (Oszilloskop erforderlich).

Fehlerbild	Aufnahme und Wiedergabe sind auf einem Kanal verrauscht.
mögliche Ursachen	Transistor ist „gealtert" oder Aufnahme/Wiedergabe-Schalter lässt Vormagnetisierung nicht passieren.
Abhilfe	Signalweg mit Oszilloskop prüfen, Aufnahme-/Wiedergabe-Schalter durchmessen und gegebenenfalls warten.
Fehlerbild	Aufnahme und Wiedergabe sind mit Brummen überlagert.
mögliche Ursachen	Eine Masseverbindung fehlt oder ist schwach, meist im Überspielkabel, seltener im Gerät.
Abhilfe	Massekontakte überprüfen (Fingerprobe bei Aufnahme ohne Signal und Aussteuerung beobachten).
mögliche Ursachen	Siebung oder Glättung im Netzteil defekt.
Abhilfe	Siehe Abschnitt „Netzteile", Seite 103.
Fehlerbild	Aufnahme und Wiedergabe hat verschobene Balance.
mögliche Ursachen	Kontaktschwäche im Aufnahme-/Wiedergabe-Schalter, evtl. unterschiedlich starke Signalverstärkung.
Abhilfe	Aufnahme/Wiedergabe-Schalter durchmessen und ggf. warten; *Balance-Einstellung*: Monoaufnahme auf Referenzgerät erstellen und Wiedergabe nach Gehör und Aussteuerungsmesser (ebenfalls justierbar) über Trimmwiderstände (Einstellungen vorher markieren) ausbalancieren. Dann Aufnahmebalance bei Monoaufnahme an Wiedergabebalance ausrichten (meist mehrere Durchgänge erforderlich). Aufnahmebalance schließlich auf Referenzgerät überprüfen und Arbeitsgang ggf. wiederholen.
mögliche Ursachen	Tonkopf ist dejustiert.
Abhilfe	Tonkopf nach Gehör justieren – auf maximale Höhenwiedergabe einstellen. Falls die maximale Höhenwiedergabe auf beiden Kanälen nicht mit der Balance zusammenfällt, Wiedergabe-Verstärkung per Trimmer abgleichen.
Fehlerbild	Steuerfunktion bleibt aus.
mögliche Ursachen	Steuerlogik (IC, mechanischer Schalter oder Taster) defekt, Laufwerksmechanik, Hubmagnet etc. ausgefallen.
Abhilfe	Steuerlogik (zum Beispiel durch manuelles Betätigen der Schaltkontakte) einzeln überprüfen; Schaltkontakte reinigen und justieren.

Reparaturanleitungen

5

Fehlerbild	Band-Endabschaltung funktioniert nicht.
mögliche Ursachen	Fehler ist meist mechanischer Natur: Bandzug-Schalter schwergängig oder Zug des Gummiantriebs zu schwach geworden; evtl. Schaltverstärker oder Hubmagnetspule defekt. Lässt sich Abschaltmechanik wenigstens per Hand auslösen? Nein, dann Steuerlogik defekt.
Abhilfe	Mechanischen nach Möglichkeit orten und beheben. Bandzugschalter gängig machen, Gummis säubern, Schaltverstärker durchmessen und gegebenenfalls in Stand setzen.
Fehlerbild	Band-Endabschaltung schaltet mittendrin ab.
mögliche Ursachen	Kassette schwergängig. Bandzug zu kräfig, evtl. Endschalter zu sensibel, elektronische Drehzahlerfassung defekt (z.B. Impulsgeber schad- oder mangelhaft).
Abhilfe	Schleifkupplung für Bandteller oder Endschalter justieren, Impulsgeber und Steuerlogik überprüfen.
Fehlerbild	Starkes Laufgeräusch.
mögliche Ursachen	Partikel in Zahnlücken der Zahnräder, abgebrochene oder verschlissene Zähne.
Abhilfe	Säubern mit Spiritus und mechanischen Mitteln (Zahnbürste, Zahnstocher). Bei Verschleiß ist meist nichts mehr zu machen.
Fehlerbild	Autoreverse funktioniert nicht oder macht Bandsalat.
mögliche Ursachen	Mechanischer Fehler an Laufwerk; Hubmagnet hat keine Ansteuerung.
Abhilfe	Mechanik prüfen und eventuell gängig machen; Ansteuerung für Hubmagnet überprüfen.

5.7 Plattenspieler

Der gute alte noch in der Tradition von Edison stehende Analogplattenspieler wurde in den 80er und 90er Jahren nahezu vollständig vom CD-Spieler verdrängt. Dennoch fristet er bei Vielen auf dem Dachboden, im Keller oder im Hobbyraum noch ein geduldetes Dasein, zumal, wenn es noch Schallplatten im Hause gibt, die noch gehört werden oder die zumindest später einmal „viel wert" sein können – und es in Sammlerkreisen auch bereits sind. Wie zu erwarten, hat die Nostalgiewelle nicht lange auf sich warten lassen und der Plattenspieler (meist in Verkörperung eines hochqualitativen Designergeräts) bereits mit der Zurückeroberung des Wohnzimmers begonnen.

Ein Plattenspieler ist für gewöhnlich ein rein mechanischer Aufbau, dessen elektrische Funktionen sich auf einen Antriebsmotor (meist mit Drehzahlregelung), einen Tonabnehmer und einen Signalkurzschlussschalter (mit End-Abschaltung gekoppelt) beschränken. Zugang zum Innenleben des Geräts erhalten Sie nach Abnahme des Plattentellers und Aushaken oder Abschrauben der gefederten Aufhängungen.

Einstellungen

Für die routinemäßige Drehzahleinstellung legen Sie eine – speziell für diesen Arbeitsgang im Allgemeinen mitgelieferte – Stroboskopscheibe auf den Plattenteller und justieren die Drehzahl bei Kunstlicht so, dass die zugehörigen Markierungen auf der Scheibe „stillstehen". Wichtig ist weiterhin, dass die Auflagekraft des Tonarms auf die Schallplatte weder zu hoch noch zu niedrig ist. Sie muss vor der ersten Inbetriebnahme und nach Austausch des Tonabnehmersystems vorgenommen werden. Verdrehen Sie zunächst das am hinteren Ende des Tonarms befindliche Einstellgewicht so, dass der Arm exakt ins Gleichgewicht kommt. Nehmen Sie dann eine Nulljustierung der Einstellskala vor – der Tonarm muss weiterhin schweben. Falls die Herstellerangaben für das verwendete Tonabnehmersystem bekannt sind, können Sie nun die richtige Auflagekraft einstellen, ansonsten wählen Sie den üblichen Mittelwert 1,5 bis 2. Den gleichen Wert stellen Sie dann an der Antiskating-Skala ein.

Fehlerbilder eines Plattenspielers

Da die heute nahezu ausschließlich zu findenden magnetischen Tonabnehmersysteme ein sehr schwaches Signal liefern, besitzen viele Plattenspieler bereits einen eingebauten Vorverstärker, dessen Frequenzgang speziell auf das magnetische Tonabnehmersystem abgestimmt ist. Verfügt ihr Verstärker nun über einen Phonoeingang, der die gleiche Verstärkung vornimmt, klingt die Wiedergabe hoffnungslos übersteuert. Sie müssen dann einen anderen Eingang (Aux oder Tape 2) wählen oder den Vorverstärker im Plattenspieler umgehen.

Oft wird die Freude an der Wiedergabe durch störende Brummeinstreuungen getrübt. Abhilfe schafft dann eine Masseverbindung zwischen Plattenspieler und Verstärker, der Effekt kann aber auch aufgrund unterbrochener Signalwege oder schwacher Steckkontakte auftreten.

Fehlerbild	Wiedergabe ist schlecht und knistert.
mögliche Ursachen	Das gehört zur Technologie, kann aber durch elektrostatische Aufladung begünstigt werden. Platte ist verkratzt.
Abhilfe	Platten nass abspielen, Antistatic-Set verwenden.
Fehlerbild	Wiedergabe ist von Brummen überlagert.

Reparaturanleitungen

5

143

mögliche Ursachen	Signalweg unterbrochen oder Massekontakt fehlt, evtl. Masseschleife.
Abhilfe	Signalweg, insbesondere Masseverbindung mit Verstärker überprüfen und ggf. herstellen.
Fehlerbild	Wiedergabe ist dumpf.
mögliche Ursachen	Nadel ist verschmutzt oder abgespielt (evtl. Tonabnehmersystem defekt).
Abhilfe	Nadel von Zeit zu Zeit mit reinem Alkohol reinigen oder – wenn alt – austauschen.
Fehlerbild	Wiedergabe ist auf beiden Kanälen sehr schwach.
mögliche Ursachen	Vorverstärker fehlt (bei Neuanschluss beachten) oder defekt (z.B. Stromversorgung).
Abhilfe	Vorverstärker bzw. dessen Stromversorgung überprüfen; Phonoeingang am Verstärker verwenden.
Fehlerbild	Wiedergabe ist auf beiden Kanälen stark übersteuert bzw. verzerrt.
mögliche Ursachen	Sowohl Plattenspieler als auch Endverstärker nehmen Phonoverstärkung vor.
Abhilfe	Nur einen Phonoverstärker einsetzen; einen der Eingänge Aux oder Tape verwenden.
Fehlerbild	Wiedergabe fehlt auf einem Kanal (oder ist schwach).
mögliche Ursachen	Signalweg unterbrochen (meist sind die Steckkontakte am Tonabnehmer oxidiert).
Abhilfe	Unterbrechung des Signalwegs durch ohmsche Messung herausfinden.
mögliche Ursachen	Signalabschalter hat nicht aufgemacht.
Abhilfe	Mechanik überprüfen oder Schaltkontakte justieren.
Fehlerbild	Plattenteller dreht nicht.
mögliche Ursachen	Schalter oder Endschalter defekt, Gummiantrieb gerissen oder ausgeleiert, Motor defekt.
Abhilfe	Warten, austauschen, wenn noch rentabel.
Fehlerbild	Drehzahl nicht konstant.
mögliche Ursachen	*Bei Billiggeräten*: normal, sollte aber nicht störend sein (evtl. Antriebsriemen oder -gummi verschmutzt, ausgeleiert oder gealtert).

	Bei elektronischer Drehzahlregelung: meist Einstellpotentiometer verschmutzt oder oxidiert, seltener wird die Regelung defekt sein.
Abhilfe	Gummiantrieb und Drehzahlregler säubern oder ersetzen, Drehzahlregelung überprüfen.

5.8 CD-Spieler

Beim CD-Spieler handelt es sich um ein Wiedergabegerät für digital aufgezeichnete Information. Eine komplizierte, schrittmotorbewegte Laseroptik tastet computergesteuert die Oberfläche einer Compact-Disk ab und liefert dabei digitale Signale, die von einem nachgeschalteten Signalprozessor einer Fehlerkorrektur unterzogen und dann per Digital-Analogwandler in ein analoges Audiosignal überführt werden. Das gesamte Innenleben eines CD-Spielers gleicht damit nicht nur einem Computer, sondern es ist im Wesentlichen ein genau für diese spezielle Aufgabe ausgelegter Computer.

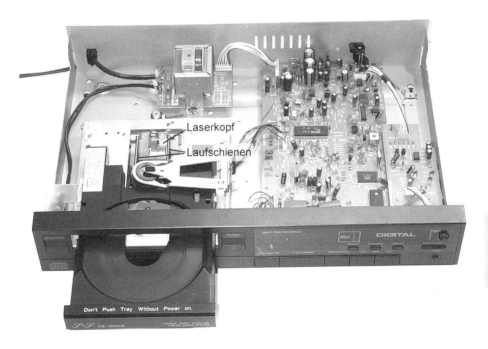

Abb. 5.10: In moderneren CD-Spielern geht es zunehmend einfacher zu

Der ebenso hochmodernen wie empfindlichen Laser- und Computertechnologie des CD-Players steht die in diesem Buch proklamierte Do-it-yourself-Methodik so gut wie machtlos gegenüber. Dem Hobbyisten bleiben nur noch wenig Ansatzpunkte zur Selbstreparatur, die sich im Wesentlichen auf das Warten der Auswurfmechanik (Endschalter etc.), das Nachfetten der Laufschiene für den Schrittmotor und das vorsichtige Säubern der Laserlinse beschränken. Einer Anwendung der „formalen Methode" (Seite 118) steht generell natürlich nichts im Wege – die Erfolgsaussicht ist aber eher gering. Darüber hinausgehende Wartungs- und Einstellarbeiten sind nur noch mit speziellem Mess- und Analysewerkzeug durchführbar und sollten dem eigens dafür eingerichteten Fachbetrieb vorbehalten bleiben. In Anbetracht des Preisverfalls solcher Geräte lohnen solche Reparaturen normalerweise aber nicht.

Abb. 5.11: Innenansicht eines älteren CD-Players *links* aufgeklappte Steuerplatine mit Sicht auf Signalplatine; *rechts* Laserabtastsystem mit ausgefahrenem Ladeschlitten

Der unsichtbare Laserstrahl (Infrarotlaser) des optischen Abtastsystems eines CD-Players ist gefährlich für das Auge. Zwar verhindert meist eine Sicherheitsverriegelung den Betrieb der Laserdiode bei nicht eingelegter CD (manchmal verhindert auch eine Fotozellenschaltung den Betrieb bei offenem Gehäuse), dennoch sollten Sie das offene Gerät grundsätzlich nicht ohne eingelegte CD betreiben.

Reparaturanleitungen

Fehlerbilder eines CD-Spielers

Das häufigste Fehlerbild bei CD-Playern ist der Spurverlust. Da die Daten auf der CD in konzentrischen Spuren – engl. *tracks* – (Abstand ca. 2µm) abgetastet werden, im Prinzip also ähnlich wie bei der Schallplatte, kann ein Spurverlust das Computersystem durcheinanderbringen. Normalerweise ist dann ein kurzer Aussetzer zu hören, und das System stabilisiert sich an einer anderen Stelle der Aufnahmesequenz wieder. Bei wiederholtem Spurverlust kann die Wiedergabe sogar einem echten „Rap" entsprechen.[31]

Fehlerbild	Spurverlust oder Aussetzer an bestimmten Stellen einer CD.
mögliche Ursachen	CD ist verschmutzt oder verkratzt oder es liegt ein Produktionsfehler vor.
Abhilfe	Säubern der CD in lauwarmen Wasser. Geben Sie etwas Spülmittel zu und trocknen Sie sie mit einem weichen Tuch; zerkratzte CDs können mit einem handelsüblichen Reinigungsset bestehend aus feinem bis ultrafeinem Schleifpapier nass wieder plan geschliffen werden. Schleifen Sie immer senkrecht zu den Spuren, also radial, nie kreisend; Alternativ können Sie sich natürlich auch eine CD-Reinigungsmaschine zulegen (Preis: ca. 9 €) und die CDs darin waschen.
Fehlerbild	Spurverlust immer an einer bestimmten Stelle auf einer selbst gebrannten CD; Fehlermeldung.
mögliche Ursachen	Der Aufzeichnungsvorgang der CD ist nicht vollständig.
Abhilfe	CD erneut brennen.
Fehlerbild	Zischende Nebengeräusche beim Abspielen einer selbst gebrannten CD, Auslassungen.
mögliche Ursachen	Das Laserabtastsystem Ihres CD-Players hat Schwierigkeiten mit der Art des verwendeten CD-Rohlings; das ist kein Fehler sondern eine Inkompatibilität.
Abhilfe	Lassen Sie sich eine Kopie der CD auf einem Rohling eines anderen Herstellers erstellen.
Fehlerbild	Spurverlust nach einer bestimmten Abspielzeit bei (nahezu) jeder CD.
mögliche	Laufschiene des optischen Abtastsystems hat an Gleitfähigkeit einge-

---

[31] Böse Zungen behaupten, dass dieser bei den ersten CD-Spielern sehr häufig anzutreffende Fehler sogar der Vater des Rap war. Bei „moderneren" Musikstücken ist dieser Effekt also gar nicht so leicht herauszuhören.

Ursachen	büßt.
Abhilfe	Ausgeschaltetes Gerät öffnen und Gleitschiene (evtl. Getriebe) mit ein wenig hochwertigem Lagerfett schmieren.
Fehlerbild	Spurverlust von Zeit zu Zeit, eingeleitet durch ein schwaches „Piepsen" der Servoeinheit.
mögliche Ursachen	Linse der Laseroptik verschmutzt.
Abhilfe	Linse bei ausgeschaltetem Gerät vorsichtigst mit feuchtem (frisches Wasser mit ein wenig Geschirrspülmittel verwenden) Wattestäbchen reinigen, vermeiden Sie dabei jeglichen Druck auf die sensible Lagerung der Optik; natürlich können Sie auch eine handelsübliche Laser-Linsen-Reinigungs-CD erwerben (Preis: ca. 9 €) und „abspielen".
mögliche Ursachen	Fokussierung oder Spurnachführung (Sled-Motor-Servo) fehlerhaft, Servo-Regelkreis gestört.
Abhilfe	Einstellung des Servoregelkreises oder Austausch der Optikeinheit durch Fachbetrieb; meist nicht rentabel.
Fehlerbild	*CD eiert.*
mögliche Ursachen	Verschlussmechanismus dejustiert oder verschmutzt.
Abhilfe	Mechanismus bei eingelegter CD vorsichtig austarieren (Achtung vor Laserlicht).
Fehlerbild	Gerät fährt Schlitten sofort wieder aus oder Abspielvorgang beginnt nicht bei 0:00.
mögliche Ursachen	Endschalter für Schlitten-Start-Position dejustiert.
Abhilfe	Schalter an Einstellschraube justieren (alte Einstellung markieren).

5.9 Farbfernsehgeräte, Computermonitore

Im Gegensatz zum Computermonitor ist das Fernsehgerät trotz seines komplizierten Innenlebens immer noch einigermaßen wartungsfreundlich. Die umfangreichen Strahlungs-schutzmaßnahmen des Computermonitors machen das Innenleben oft nur schwer zugänglich und der mechanische Aufbau erschwert darüber hinaus Tests am laufenden Gerät. Vom Steuer- und Impulsteil her sind beide aber doch recht ähnlich aufgebaut, sodass es Sinn macht, sie zusammen zu behandeln. Natürlich, das Fernsehgerät besitzt noch ein

Empfangsteil (HF+ ZF) in Form eines oder mehrerer Tuner, und der Computermonitor hat ein etwas komplizierteres Impulsteil, weil er Energiesparfunktionen besitzt und auch in unterschiedlichen Ablenkfrequenzen betrieben werden kann, aber die Fehlerbilder, die für den Laien noch auffindbar und somit reparierbar sind, sind weitgehend gleich. Auch eröffnet die Möglichkeit der direkten Bildschirmdiagnose bereits im Vorfeld der Reparatur gute Voraussetzungen für die Fehlerorteingrenzung in dem wohldefinierten Modulaufbau des modernen Farbfernsehempfängers und Monitors.

Aufbau des Farbfernsehbilds

Das traditionelle Fernsehbild setzt sich aus 625×625 Einzelpunkten zusammen, die zeilenweise 25 mal pro Sekunde von drei parallelen Elektronenstrahlen als rot-grün-blaue Leuchtpunkte auf die Leuchtschicht der Bildröhre geschrieben werden. Aus den drei Grundfarben lassen sich durch additive Farbmischung alle Farben des sichtbaren Farbspektrums zusammensetzen. Um den Flimmereffekt klein zu halten, sieht die klassische Fernsehnorm vor, dass sich das Bild aus zwei übereinander projizierten Halbbildern zusammensetzt, die abwechselnd und jeweils nacheinander gesendet bzw. geschrieben werden. Wollte man die Zeilen nummerieren, bestünde das erste Halbbild aus allen ungeraden und das zweite Halbbild aus allen geraden Zeilennummern. Drei Elektronenstrahlen huschen damit 50 mal (Vertikalfrequenz) pro Sekunde über die Bildfläche und schreiben beginnend von links oben – in Lesrichtung – je Halbbild 312,5 Zeilen,[32] also ingesamt 15.625 Zeilen (Horizontalfrequenz) pro Sekunde. Damit die Halbilder exakt übereinanderliegen und das Bild ruhig stehen kann, enthält das Fernsehsignal am Ende jeder Zeile und jedes Halbbilds spezielle Synchronisationsimpulse, die den Sprung des Elektronenstrahls definiert an den Anfang der nächsten Zeile (Horizontalsynchronisation) bzw. des nächsten Bilds (Vertikalsynchronisation) sowie seine Unterdrückung (Austastung) in diesem Zeitraum veranlassen (vgl. Abbildung 5.13).

Bei 100 Hz-Fernsehgeräten sieht das vom Prinzip her genauso aus, nur dass das Bild hier nicht mehr aus zwei Halbbildern aufgebaut ist, sondern schlicht 100 mal pro Sekunde von links oben nach rechts unten geschrieben wird. Die digitale Technik ermöglicht es, durch Speicherung die alte Norm mit der neuen HDTV-Norm (engl. Abk. High Definition Television) unter einen Hut zu bekommen und am gleichen Gerät darzustellen. HDTV sieht darüber hinaus die doppelte Zeilenzahl (1.250) und ein verändertes Bildseitenverhältnis

---

[32] In der Tat endet das erste Halbbild in der Mitte der letzten Zeile und beginnt das zweite Halbbild in der Mitte der ersten Zeile. Nur so lassen sich beiden Halbbilder ohne differenziert werden zu müssen exakt übereinander passen.

(16:9) mit entsprechend höherer horizontaler Punktedichte vor.[33] Die höhere Zeilenzahl und größere Punktedichte des Signals ermöglicht einen geringeren Betrachtungsabstand und damit einen gegenüber dem herkömmlichen Fernsehen kinoähnlicheren Gesamtbildeindruck. Die dafür verantwortlichen Module haben allerdings mehr mit einem Computer als einem Fernsehgerät gemein und entziehen sich weitgehend den Reparaturmöglichkeiten des Hobbyisten. Interessanterweise ist die moderne Fertigungstechnik für digitale Technologien inzwischen aber so weit, dass in diesen Modulen kaum noch Fehler zu erwarten sind, die nicht bereits in der ersten, noch von der Garantie abgedeckten Zeit auftreten.

Die drei Elektronenstrahlen einer Farbbildröhre besitzen an sich noch keine „Farbe". Sie regen eine aus 1,2 Millionen (bei HDTV in etwa die vierfache Menge) Leuchtpunkten bestehende Leuchtschicht an der Stirnseite der Bildröhre zum Leuchten an. Jeweils drei Leuchtpunkte der Farben Rot, Blau und Grün (RGB) stellen einen Bildpunkt dar. Eine einfache Elektronenoptik, bestehend aus einer Konvergenzeinheit, einer XY-Ablenkeinheit und einer Maske kurz vor der Leuchtschicht des Schirms ermöglicht, dass die drei parallel fokussierten Elektronenstrahlen in richtiger Anordnung auf die Leuchtschicht projiziert werden. Bei den ursprünglichen Lochmasken-Farbbildröhren waren für die exakte Parallel-Fokussierung noch recht aufwändige Konvergenzkorrekturen (und damit verbunden, routinemäßige Konvergenzeinstellungen durch den Servicetechniker) erforderlich – dieses Problem ist bei den inzwischen ausschließlich verwendeten selbstkonvergierenden Schlitzmaskenröhren durch eine waagrechte Kathodenanordnung und verbesserte Ablenkeinheiten herstellerseitig perfekt und wartungsfrei gelöst.

Aufbau des Monitorbilds

Das Farbbild eines Monitors mit Bildröhre entsteht in exakt der gleichen Weise, wie das eines Farbfernsehgeräts, mit dem Unterschied, dass die Elektronenoptik bei besseren Ge-

---

[33] Dies gilt auch für das PALplus-Verfahren, eine Kombination aus einem verbesserten PAL-Verfahren und dem Bildseitenverhältnis von 16:9. Die Verbesserung besteht im Wesentlichen aus einer Vorfilterung des PALplus-Signals, sodass der PALplus-Empfänger gegenüber dem PAL-Empfänger eine höhere Luminanzbandbreite gewinnt. Dieses Verfahren heißt Motion Adaptive Colour Plus. Dadurch kann ein 16:9-Bild mit einer gegenüber einem 4:3-Bild benötigten höheren Frequenzbandbreite ausgestrahlt werden. Die Vorfilterung reduziert außerdem drastisch die Cross Colour-Störung. Das PALplus-Signal ist zum PAL-Verfahren kompatibel. Die 575 Zeilen des aktiven Bildinhalts werden in ein sogenanntes Kernbildsignal von 430 Zeilen und in ein Helpersignal mit 144 Zeilen aufgeteilt. Auf herkömmlichen Fernsehempfängern werden die 430 Zeilen im Letter Box-Format wiedergegeben. Die Verwendung des PALplus-Coders auf der Senderseite ist auch bei der Ausstrahlung von 4:3-Sendungen möglich. Dabei wird nur das Colour-Plus-Verfahren eingesetzt, mit dem einige Verbesserungen der Bildqualität verbunden sind.

räten noch wesentlich feiner fokussiert ist, um ein besonders scharfes Bild zu ergeben. Computermonitore haben zum Teil recht hohe Maximalauflösungen (typisch bis 1600×1200 Bildpunkte, bessere Geräte erreichen sogar bis zu 2000×1600 Punkte) und werden normalerweise im Abstand von etwa 80 cm betrachtet. Die Rasterung ist aber so fein (typisch 0,28 mm je Bildpunkt, der seinerseits aus drei Farbpunkten besteht), dass das Auge selbst in wenigen Zentimetern Abstand kaum einzelne Punkte ausmachen kann.

Obwohl die Monitore zur Erreichung höherer Auflösungen auch den sogenannten Interlaced Modus beherrschen, der dem Prinzip der bereits erwähnten zeitversetzt geschriebenen Halbbilder folgt, werden Sie nahezu ausschließlich in Modi betrieben, die mindestens 70 vollständige Bilder pro Sekunde darstellen.

Impulsteil – horizontale und vertikale Ablenkung

In modernen Fernsehgeräten und Computermonitoren ist der Impulsteil inzwischen vollständig digital aufgebaut. Auf diese Weise ist es nicht nur möglich, die Bildgeometrie in weiten Grenzen variabel zu halten und über ein eingeblendetes Menü zu verändern, sondern auch als Parametersatz für einen Betriebsmodus abzuspeichern. Bei älteren Geräten, die die Impulsaufbereitung noch mit rein analogen Mitteln (Filtern und RC-Gliedern) bewerkstelligen, gibt es hierfür noch an verschiedener Stelle im Chassis verstreute Trimmer, Regler (Kerne von Spulen) und Potis.

Die Auslenkung der drei durch die Bildröhrenhochspannung beschleunigten Elektronenstrahlen (3 Kathoden, 1 Anode) geschieht durch spezielle, rechtwinklig zueinander wirkende und veränderliche Magnetfelder, die den am Bildröhrenhals befindlichen Ablenkspulen (Horizontal- und Vertikalablenkspule) entstammen. Die dafür nötigen, sägezahnförmigen Ablenkspannungen werden vom Fernsehgerät in einer Vertikalstufe und einer Horizontalstufe selbst erzeugt (Vertikal- und Horizontaloszillator) und mit der aus dem Fernsehsignal gewonnenen Synchronisationsinformation synchronisiert (Amplitudensieb und Synchronisationsstufen, vgl. Abbildung 5.13). Damit wird das Fernsehbild auch dann aufgebaut – „Rauschen" ist ja auch ein Bild – wenn kein Sendersignal verfügbar ist, nur eine Synchronisation findet nicht statt. Monitore beziehen ihre horizontale und vertikale Synchronisation hingegen im „Reinformat", über eine oder zwei zusätzliche Leitungen. (Bei nur einer Leitung ist gleichfalls eine Impulstrennung erforderlich.) Sie tasten das Bild dunkel, wenn keine Synchronisationssignale mehr erkannt werden und gehen in den Energiesparmodus bzw. Standby-Betrieb über.

Reparaturanleitungen

Reparaturanleitungen

5

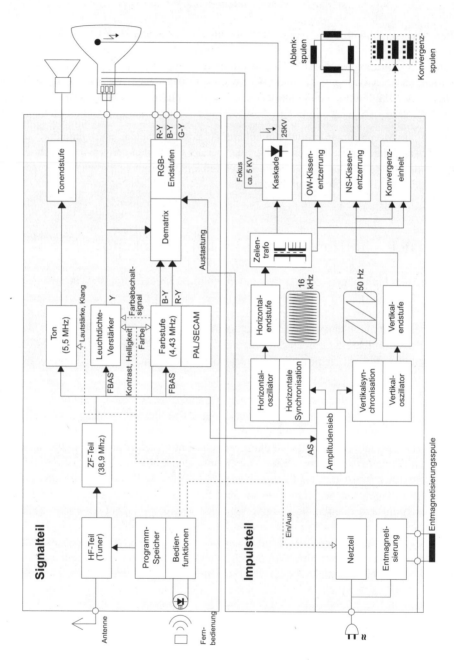

Abb. 5.12: Modularer Aufbau und grober Signalfluss in einem Fernsehempfänger

Während die Vertikalablenkung in der Praxis als weitgehend unabhängige Stufe aufgebaut ist, gewinnt man über die Horizontalstufe – sozusagen als „Nebeneffekt"[34] – gleichzeitig die Hochspannung für den Betrieb der Bildröhre und die Fokussierung der Elektronenstrahlen sowie einige weitere Betriebsspannungen. Dieses energietechnisch sehr vorteilhafte Konzept hat sich vor vielen Jahren als Standard in der Fernsehtechnik durchgesetzt und verleiht der Horizontalstufe eine zentrale Funktion – nicht nur für den Bildaufbau.

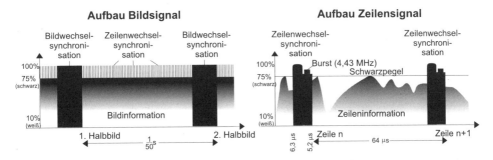

Abb. 5.13: Aufbau des Fernsehsignals nach der europäischen Fernsehnorm (PAL) – *links* Halbbild mit Bildwechsel- und Zeilensynchronimpulsen; *rechts* Zeile mit Zeilensynchronimpulsen und Burstsignal für Farbinformation

Kissenkorrektur

Die Geometrie der Bildröhre würde das Bild bei normaler Projektion an den Bildschirmrändern kissenförmig verzerren. Daher besitzt jedes Fernsehgerät und jeder Monitor eine vertikal wirkende Nord-Süd-Kissenkorrektur und eine horizontal wirkende Ost-West-Kissenkorrektur. Die dafür zuständigen Einheiten überlagern die Ströme der Ablenkspulen durch sogenannte *Parabelströme* und entzerren so das Bild.

Signalteil – der Weg des Fernsehsignals

Die eigentliche Bild- und Toninformation ist dem hochfrequenten Fernsehsignal als Zusammensetzung mehrerer quasi-übereinanderliegender Signale aufmoduliert (VHF-Bereich I: 41 – 68 MHz, VHF-Bereich III: 174 – 223 MHz, UHF Bereich: 470 – 800 MHz, darüber die verschiedenen Satelliten-Frequenzbänder). Die Fernsehnorm ist, was

---

[34] Energetisch gesehen spielt der Betrieb der Horizontalablenkspulen eine untergeordnete Rolle und verdient es eher, als „Nebenprodukt" bezeichnet zu werden. Bei einigen Modellen übernimmt die Horizontalendstufe sogar die Funktion des Schaltnetzteils mit und erzeugt alle im Gerät benötigten Betriebsspannungen.

den Signalaufbau betrifft, recht unorthodox und erklärt sich eigentlich nur aus dem historischen Kontext heraus. Für das Sendesignal stehen pro Kanal im VHF-Bereich eine Bandbreite von 7 MHz und im UHF-Bereich von 8 MHz zur Verfügung. Dies ist nicht viel, bedenkt man, dass bereits 5 MHz (15 625·312,5) für ein Schwarz/Weißbild erforderlich sind. Dazu kommt nun noch das Tonsignal (inzwischen natürlich Stereo) und die Farbinformation. Bei hochauflösenden oder digitalen Fernsehnormen wird es noch komplizierter.

Wie auch immer, spezielle Modulationstechniken und -tricks machen es möglich, dass das sogenannte *Leuchtdichtesignal* (eigentliches Schwarz/Weißbild- oder Y-Signal) in Amplitudenmodulation[35], die beiden Farbsignale R-Y und B-Y[36] mit Hilfe einer zusätzlichen 4,43 MHz-Farbhilfsträgerfrequenz (Burst) und das Tonsignal in Frequenzmodulation gerade noch ausreichend nebeneinander Platz finden. Bei den hochauflösenden analog orientierten Fernsehnormen muss natürlich noch trickreicher moduliert werden. Die seit einigen Jahren ausschließlich von Satelliten abgestrahlten digitalen Fernsehnormen ziehen endlich einen Schlussstrich unter diese verworrene Technologie und kommen nicht zuletzt aufgrund der verwendeten Kompressionsverfahren auf wesentlich schmalere Bandbreiten je Kanal, bei weitaus größerem Umfang an Bild- und Toninformation.

Die Aufgabe des Signalteils im herkömmlichen analogen Fernsehempfänger besteht nun hauptsächlich darin, das „Signalknäuel wieder zu entwirren". Abbildung 5.12 verdeutlicht seine modulare Gliederung. Das Antennensignal wird im Tuner in der entsprechenden Bandbreite herausgeschnitten, verstärkt und in einer Mischstufe mit der Zwischenfrequenz 38,9 MHz versetzt, welche eine kräftige Verstärkung durch die ZF-Stufe mit spezieller Bandfiltercharakteristik ermöglicht. Am Ausgang der ZF-Stufe können Bild- und Tonsignale durch 5,5 MHz-Bandfilter (5,5 MHz ist der sog. Tonabstand im Fernsehsignal und gilt für die meisten in Westeuropa verwendeten Fernsehnormen) voneinander geschieden und getrennt demoduliert werden. Die Verarbeitung des Tonsignals hält sich an das Prinzip des klassischen UKW-Radioempfängers, auch was die weitergehende Stereodekodierung betrifft. Das Bildsignal (FBAS) erfordert dagegen eine weitere Auftrennung in einen Farbanteil F (RGB-Signale), einen Leuchtdichteanteil B (Y-Signal) und einen Austast- und Synchronisationsanteil (AS-Signale). Letzterer enthält übrigens zusätzlich noch die Informationen für Videotext. Der Leuchtdichteanteil wird schlicht durch Heraussieben des 4,43 MHz Farbanteils in einer Bandbreite von 1,3 MHz gewonnen. Damit ist klar, dass die reine Farbinformation eine viel geringere Auflösung als die Helligkeitsinformation besitzt und sich eine Farbpunktinformation auf ca. 4 Bildpunkte bezieht. Da bei reinen Schwarz/Weiß-Sendungen keine Farbinformation gesendet werden muss, besteht die

---

[35] Eine hohe Amplitude (75%) bedeutet einen schwarzen Bildpunkt und eine niedrige Amplitude (10%) einen weißen Bildpunkt. Dazwischen liegt Grau. Die Synchronisationsimpulse sind als spezielle „Schwarzschultern" (100 %) definiert.

[36] G-Y wird aus Y, R-Y und B-Y rekonstruiert.

Möglichkeit, bei solchen Sendungen über eine automatische Abschaltung (Farbabschalter) der 4,43 MHz-Falle im Leuchtdichteverstärker eine größere Bildschärfe zu erzielen, eine Technik, von der Fernsehstationen heutzutage keinen Gebrauch mehr machen.

Das Leuchtdichtesignal wird schließlich im Y-Verstärker noch einmal kräftig verstärkt und allen drei Kathoden mit einer Spannung von gut 100 V_{ss} entweder direkt (bei Farbdifferenzansteuerung der Bildröhre) oder indirekt (bei RGB-Ansteuerung als gemeinsamer Y-Summand für die Signale R-Y, B-Y und G-Y) zugeführt.

Das Farbartsignal erfährt noch weitere Behandlung, die je nach Fernsehnorm (PAL oder SECAM) unterschiedlich ausfällt. Zunächst wird recht aufwändig die senderseitig unterdrückte 4,43 MHz-Trägerfrequenz erzeugt und synchronisiert – die Synchroninformation lässt sich dem AS-Anteil am Ende einer jeden Zeile entnehmen (vgl. Abbildung 5.13 rechts). Das über einen Bandfilter aus dem FBAS-Signal herausgesiebte Farbartsignal kann dann im Zusammenspiel mit der regenerierten Farbhilfsträgerfrequenz in zwei um 90° phasenverschobene Teile zerlegt werden, die die Grundlage für das R-Y- und B-Y-Signal bilden. Das in Deutschland verwendete PAL-Verfahren sieht nun vor, dass, z.B. im Gegensatz zum amerikanischen NTSC-Verfahren[37], die Farbechtheit der so gewonnenen Information trotz Einflüssen durch ungünstige Empfangsbedingungen (Phasenverschiebungen) gewährleistet bleibt. Die PAL-Kodierung des Farbartsignals nutzt geschickt einen „physikalischen Trick" aus, der darin besteht, dass die R-Y-Farbinformation je zweier aufeinanderfolgender Zeilen eines Halbbilds zueinander jeweils um 180° phasenverschoben gesendet werden – d.h. eine Zeile trägt die „richtige" Farbinformation und die nächste genau die im Rotanteil komplementäre (Rot wäre also Grün, Hellgrün Orange und Gelb sowie Blau unverändert)[38]. Aus je zwei Zeilen lässt sich dann durch geschickte elektrische Addition exakt der senderseitig „gemeinte" Farbton herstellen. Damit es möglich ist, zwei nacheinander gesendete Zeilensignale gleichzeitig zu verwenden, besitzt jede PAL-Farbstufe als typisches Merkmal ein 64 µs-Verzögerungsglied in Form eines Kristalls mit Ultraschallgeber- und -nehmersystem. Nachdem der HF-Anteil herausgefiltert ist, wird das R-Y-Signal jeder zweiten Zeile umgepolt (PAL-Schalter) und der „Dematrix" zugeführt, wo durch elektrische Addition aus den schließlich phasenrichtigen Signalen R-Y und B-Y das Signal G-Y rekonstruiert werden kann.[39]

Drei identisch aufgebaute Signalverstärker in der RGB-Endstufe, die nun wiederum auch wieder in Monitoren zu finden sind, verstärken die Farbinformationen schließlich je nach verwendetem Ansteuerungsverfahren entweder unverändert oder unter Addition des Y-

---

[37] Für das ältere NTSC-Verfahren hat sich daher die unrühmliche Akronym-Verwörtlichung „Never The Same Color" (niemals die gleiche Farbe) eingebürgert.

[38] Das Prinzip lässt sich am besten anhand eines Farbkreises nachvollziehen, bei dem ein rechtwinkliges Koordinatensystem eingetragen ist. Eine Achse beschreibt das R-Y-Signal und die andere das B-Y-Signal).

[39] Der Rekonstruktion liegt die Summenformel R+B+G=Y zugrunde.

Signals so, dass die Elektronenstrahlen der drei Bildröhrenkathodensysteme geeignet damit geregelt werden können.

Fehlerbilder von Fernsehgeräten und Monitoren

Die Fehlerdiagnose beginnt mit der genauen Analyse des Fehlerbilds. Wir unterscheiden zwischen Impulsfehlern und Signalfehlern. Impulsfehler machen sich durch einen fehlenden, fehlerhaften oder verzerrten Bildaufbau (Geometrie) bemerkbar, während sich Signalfehler in schlechter, gar keiner oder farblich veränderter Bildwiedergabe bei korrektem Bildaufbau äußern.

Fehlerbilder des Impulsteils

Wir beginnen mit dem „einfacheren" Impulsteil, da er fehleranfälliger ist. Gut 70% der Fehler rühren von einem Defekt in der Zeilenendstufe her, die wegen ihrer Funktion als energetisches Zentrum und der hohen Spannungen, die sie zu erzeugen hat, besonders anfällig für Alterung und Halbleiterdefekte ist. Seltener, etwa zu 20%, weist das Netzteil einen Defekt auf. Weitere häufig vorkommende Ausfälle gehen auf das Konto der Ost-West-Kissenentzerrung und der Vertikalendstufe. Sie sind anhand der typischen Fehlerbilder leicht zuzuordnen.

Fehlerbild	Keine Funktion, kein Bereitschaftslicht.
mögliche Ursachen	Stromzuführung, Sicherungen, Einschalter.
Abhilfe	Überprüfen (vgl. auch Abschnitt „Schaltnetzteile, Computernetzteile", Seite 107).
Fehlerbild	Keine Funktion, Sicherung fällt nach Austausch sofort wieder.
mögliche Ursachen	Netzteil (Gleichrichterdioden) oder Kurzschluss in Zeilenendstufe oder Hochspannungsgleichrichtung (Kaskade).
Abhilfe	Netzteil und Zeilenendstufe überprüfen (vgl. auch Abschnitt „Schaltnetzteile, Computernetzteile", Seite 107).
Fehlerbild	Keine Funktion, aber Bereitschaftslicht vorhanden, Gerät reagiert auf manuelle Bedienung.
mögliche Ursachen	*Fernseher*: Fernsteuerung defekt oder Batterien leer (Sender). *Monitor*: Grafikkarte des Computers liefert kein (Sync-)Signal.
Abhilfe	Batterie überprüfen, manuelle Bedienung verwenden.

mögliche Ursachen	*Fernseher:* Fernsteuerungsempfänger defekt.
Abhilfe	Fachbetrieb.
Fehlerbild	Keine Funktion, Bereitschaftslicht vorhanden, Gerät reagiert *nicht* auf manuelle Bedienung.
mögliche Ursachen	Einschaltrelais, Standby-Schaltung defekt (Stromversorgung?).
Abhilfe	Schaltkontakte und Schaltstufe des Relais prüfen.
mögliche Ursachen	Schaltnetzteil defekt.
Abhilfe	Dioden und Leistungstransistoren durchmessen und Trafoanschlüsse auf kalte Lötbetten überprüfen (vgl. auch Abschnitt „Schaltnetzteile, Computernetzteile" Seite 107).
mögliche Ursachen	Überlastschutz hat angesprochen oder Strombegrenzung aktiv wegen Kurzschluss oder Unterbrechung in Lastkreis (meist in Zeilenendstufe); Leistungswiderstand oder Sicherungswiderstand defekt (meist in Zeilenendstufe).
Abhilfe	Suche auf Endstufen konzentrieren; Sichtkontrolle und Durchmessen von Leistungswiderständen und von Widerständen mit kleinem Wert (kleiner etwa 15 Ω).
Fehlerbild	Wiederholtes Anschwingen des Schaltnetzteils.
mögliche Ursachen	Kaskade defekt oder sonstiger Kurzschluss – fast immer in der Zeilenendstufe (Halbleiter oder Kondensator durchgeschlagen).
Abhilfe	Dioden, Transistoren (bzw. Thyristoren) und Kondensatoren in Zeilenendstufe überprüfen, auch Glimmerscheiben (Isolierscheiben) auf Durchschläge untersuchen.
Fehlerbild	Kein Bild; Programmanzeige normal, Ton normal – Prüfung mit der Hand über Bildfläche ergibt kein typisches Knistern, kein Zeilenpfeifen hörbar.
mögliche Ursachen	Zeilenendstufe arbeitet nicht: Unterbrechungen in der Stromzuführung oder keine Impulsansteuerung der Endstufe (oft ist der Fehler auch in Treiberstufe gelegen, dann meist an einem kalten Lötbett des Übertragers). Bei Thyristorendstufe: Kurzschluss des Hinlaufthyristors.
Abhilfe	Stromzuführung und Impulsansteuerung (zuerst Treiberstufe, dann Horizontaloszillator) überprüfen, nach kalten Lötstellen und durchgeschlagenen Isolierscheiben suchen.

Reparaturanleitungen

5

157

Fehlerbild	Kein Bild; Programmanzeige normal, Ton normal – Prüfung mit der Hand über Bildfläche ergibt kein typisches Knistern, Zeilenpfeifen schwach hörbar.
mögliche Ursachen	Kaskade oder Hochspannungswicklung des Zeilentrafos defekt, oder es fehlt eine Betriebsspannung.
Abhilfe	Dioden und Sicherungswiderstände in Zeilenendstufe, Wicklungen des Zeilentrafos überprüfen.
Fehlerbild	Gerät schaltet sich mittendrin (eventuell kurzzeitig) ab oder auf Programm 1 zurück.
mögliche Ursachen	Funkenüberschlag in Hochspannungsteil und/oder Kontaktschwäche in Zeilenendstufe.
Abhilfe	Funkenüberschlag bei Dämmerlicht lokalisieren und Lötstellen überprüfen.
mögliche Ursachen	Kaskade gealtert (meist) oder Hochspannungsspule hat Isolationsdefekt (selten).
Abhilfe	Wenn die Kaskade separat von Zeilentrafo, kann ein Austausch lohnen, bei einem Defekt des Zeilentrafos (50 bis 100 €) lohnt sich die Sache oft nicht mehr.
mögliche Ursachen	Dämpfungsglied in Endstufe defekt, oder Glimmerscheibe (Isolierscheibe) hat Isolationsschaden.
Abhilfe	Überprüfen und ggf. austauschen.
Fehlerbild	Unangenehmes Zeilenpfeifen (nach einiger Zeit meist verschwindend oder erst auftretend).
mögliche Ursachen	Dieser Fehler ist häufig unkritisch: Bauteile in Zeilenendstufe schwingen hörbar (meist Zeilentrafo).
Abhilfe	Bauteile mechanisch fixieren, Zeilentrafo beispielsweise durch Heißkleber, Schrauben nachziehen, Bleche besser befestigen.
Fehlerbild	Seitlich verzerrtes Bild trotz guten Antennensignals.
mögliche Ursachen	Horizontalsynchronisation arbeitet fehlerhaft (Amplitudensieb).
Abhilfe	Fehler schwierig zu finden, evtl. IC versuchsweise austauschen.
Fehlerbild	Seitlicher Bilddurchlauf (vgl. Abbildung 5.14a).
mögliche Ursachen	Horizontalsynchronisation gestört, Fehler liegt meist am Amplitudensieb, evtl. auch ZF-Fehler oder starker Nachbarsender.

Abhilfe	Fehler schwierig ohne Oszilloskop zu lokalisieren, evtl. Amplitudensieb-IC versuchsweise austauschen, Fachbetrieb.
Fehlerbild	Bild seitlich weggekippt (vgl. Abbildung 5.14b).
mögliche Ursachen	Horziontalfrequenz verstellt, (meist wegen Fehler in Zeilenendstufe – Zeilentrafo, Kapazität etc.), Horizontale Synchronisation ausgefallen. *Monitor:* Abgleich per Menü versuchen, gegebenenfalls auch Grafikkarte defekt oder Monitorkabel/-stecker hat Unterbrechung.
Abhilfe	Einstellung versuchen, falls das nicht klappt, Hochvolt-Kondensatoren in Zeilenendstufe versuchsweise austauschen, ansonsten dürfte der Fehler schwierig zu beheben sein.
Fehlerbild	Kein Bild, sondern heller Strich – Strich gerade (vgl. Abbildung 5.14c).
mögliche Ursachen	Vertikalendstufe ausgefallen (meist) oder Vertikalansteuerung fehlt (oft hat Bild-Einstell-Trimmer Kontaktprobleme) oder Betriebsspannung für Vertikalendstufe fehlt (Sicherung, Netzteil defekt).
Abhilfe	Versorgungsspannung der Vertikalendstufe sicherstellen und Bauteile durchmessen (Transistoren, Spulen, Lötstellen), Bildeinstelltrimmer leicht verdrehen (vor oder bei Einschalten des Geräts Helligkeit zurück-drehen, um Bildröhre zu schonen), Vertikaloszillator versuchsweise austauschen.
Fehlerbild	Kein Bild, sondern heller Strich – Strich leicht wellig (vgl. Abbildung 5.14d).
mögliche Ursachen	Kurzschluss in Vertikalablenkspule.
Abhilfe	Kurzschluss nachweisen – Reparatur nur durch Fachbetrieb, lohnt aber meist nicht.
Fehlerbild	Bildhöhe verändert – ein wenig (vgl. Abbildung 5.14e).
mögliche Ursachen	Einstellung falsch.
Abhilfe	Möglichst ein Testbild einstellen, Bildhöhe mit Trimmwiderstand BH oder per Menü justieren, evtl. auch Bildlinearität mit Trimmwiderstand BL nachstellen.
Fehlerbild	Bild stark verkleinert und verzerrt (z.B. nur halbe Höhe), evtl. überlagert (vgl. Abbildung 5.14f).
mögliche Ursachen	Transistor in Vertikalendstufe defekt (meist), Feinschluss in Ablenkspule (selten).

Reparaturanleitungen

5

159

Abhilfe	Endstufentransistoren oder IC auf Kurzschluss überprüfen, Vertikalablenkspulen trennen und Widerstand vergleichen.
Fehlerbild	Bild stark vergrößert (vgl. Abbildung 5.14g).
mögliche Ursachen	Gegenkopplung in Vertikalendstufe fehlt oder ist vermindert.
Abhilfe	Einstellung versuchen, Gegenkopplungsglied überprüfen, gegebenenfalls IC versuchsweise austauschen.
Fehlerbild	Bild läuft nach oben oder unten (vgl. Abbildung 5.14h; kommt bei moderneren Geräten nur noch selten vor).
mögliche Ursachen	Vertikalfrequenz falsch eingestellt.
Abhilfe	Einstellregler für Bilddurchlauf justieren.
Fehlerbild	Bild läuft nach oben oder unten, Einstellung nicht möglich.
mögliche Ursachen	Vertikalsynchronisation fehlerhaft.
Abhilfe	Amplitudensieb überprüfen, IC versuchsweise austauschen.
Fehlerbild	Bild ist seitlich eingedrückt (vgl. Abbildung 5.14i); Ost-West-Kissen sichtbar.
mögliche Ursachen	Ost-West-Kissenentzerrung verstellt (OW-Trimmer) oder defekt (meist Diode bei Zeilentrafo defekt, evtl. auch Sicherungswiderstand).
Abhilfe	OW-Einstellung versuchen, Stromversorgung ab Zeilentrafo untersuchen (Gleichrichterdiode und Sicherungswiderstand), OW-Leistungstransistor durchmessen; IC versuchsweise austauschen.
Fehlerbild	Bild oben und unten eingedrückt (vgl. Abbildung 5.14j), Nord-Süd-Kissen sichtbar.
mögliche Ursachen	Nord-Süd-Kissenentzerrung verstellt (NS-Trimmer) oder schadhaft, meist jedoch Diode defekt.
Abhilfe	NS-Einstellung versuchen, Stromwege in Richtung Horizontalablenkspule (ab Zeilentrafo) untersuchen; IC versuchsweise austauschen.
Fehlerbild	Senkrechte helle ausgefranste Striche (vgl. Abbildung 5.14k).
mögliche Ursachen	Zeilentrafo oder Kaskade hat Isolationsschaden.
Abhilfe	Austausch durch Fachbetrieb, lohnt aber meist nicht.

160

Fehlerbild	Bild verschwommen (verändert sich oft zeitlich).
mögliche Ursachen	Fokusspannung falsch eingestellt oder Kaskadenstufe defekt.
Abhilfe	Bildschärfe am Fokusregler einstellen, wenn das nicht hilft, wird es wohl an der Kaskade oder Bildröhre liegen.

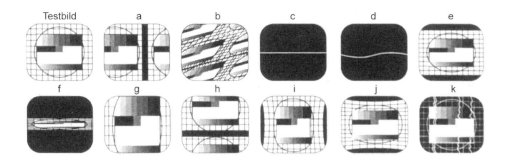

Abb. 5.14: Bildfehler – hervorgerufen durch Impulsteil

Schwieriger ist es dagegen, Fehler im Signalteil zu lokalisieren. Für die Selbstreparatur mit „Hausmitteln" scheiden sich hier sehr schnell die Geister. Einfach zu diagnostizieren und zu beheben sind eigentlich nur noch (die allerdings vergleichsweise häufigen) Defekte in den RGB-Endstufen. Bei der Fehlersuche kommt einem der identische Aufbau der drei Verstärkereinheiten sehr entgegen. Das Fehlerbild macht sich durch eine Blau-, Rot-, oder Grün-Verfärbung oder ein Fehlen dieser Farben im Schwarz/Weißbild bemerkbar. Falls der Fehler zeitabhängig auftritt, hilft ein Kältespray gut weiter.

An der Bildröhre eines Fernsehgeräts oder Monitors liegen hohe Spannungen an. Die Beschleunigungsspannung zwischen Kathoden und Anode beträgt 25 kV. Um den Anschluss zu finden, verfolgen Sie den Hochspannungsausgang des Zeilentrafos. Beachten Sie, dass die Isolation dieses Kabels spröde sein kann und tödliche Schläge zu befürchten sind. An der Steckerfassung der Bildröhre hingegen findet man (meist hinter einer Isolierung oder Einfassung) die Fokusspannung, die etwa 5 kV beträgt und mit der gleichfalls nicht zu spaßen ist..

Fehlerbilder des Signalteils

Ausbleiben der Farbe, Farbverschiebungen nur bei Farbbildern, unreine Farben etc. rühren von einem Defekt in einer der Farbart- oder PAL-Stufen her. Farbverfälschte Flecken im Bild sind hingegen auf eine defekte Entmagnetisierung der Bildröhre zurückzuführen (vgl. Seite 57).

Rauschen, Schatten oder Wellenmuster im Bild verweisen auf Defekte und Verstimmungen im ZF- oder HF-Bereich. Bei Fehlern dieser Art werden Sie nicht umhinkommen einen Fachbetrieb einzuschalten, wenn Sie glauben, die Reparatur könnte noch lohnen. Da dort unter Berechnung erheblicher Kosten meist der gesamte Signalteil gleich en bloc ausgetauscht wird, selbst wenn nur eine Zenerdiode durchgeschlagen ist (ein häufiger Fehler), sollten Sie zumindest die Fehler ausschließen, die sich durch die „formale Methode" (vgl. Seite 118) auffinden lassen.

Fehlerbild	SW-Bild hat leichten Farbstich.
mögliche Ursachen	Arbeitspunktverschiebung der RGB-Endstufe oder Dematrix.
Abhilfe	Weißabgleich über Farbtrimmer an Schwarz/Weißbild vornehmen.
Fehlerbild	SW-Bild hat Cyanstich (Blaugrün) oder Rotstich mit Rücklaufstreifen.
mögliche Ursachen	Rotverstärker defekt (evtl. auch R-Y-Stufe oder Dematrix).
Abhilfe	Vergleichsmessung mit anderen Farbkanälen.
Fehlerbild	SW-Bild hat Gelbstich oder Blaustich mit Rücklaufstreifen.
mögliche Ursachen	Blauverstärker defekt (evtl. B-Y-Stufe oder Dematrix).
Abhilfe	Vergleichsmessung mit anderen Farbkanälen.
Fehlerbild	SW-Bild hat Purpurstich (Rotblau) oder Grünstich mit Rücklaufstreifen.
mögliche Ursachen	Grünverstärker defekt (evtl. Dematrix).
Abhilfe	Vergleichsmessung.
Fehlerbild	Bild zeigt Rote, blaue oder grüne „Fahnen" bei kontrastreichem Bild (auch SW).
mögliche Ursachen	Transistor der Farbendstufe gealtert.

Abhilfe	Austausch (Verdacht gegebenenfalls durch Ringtausch sichern).
Fehlerbild	SW-Bild normal, bei Farbbild fahler Grünstich, Rot normal, Blau fehlt.
mögliche Ursachen	B-Y-Signal fehlt oder zu schwach.
Abhilfe	Durch Fachbetrieb; versuchsweise IC austauschen.
Fehlerbild	SW-Bild normal, bei Farbbild fahler Gelbstich, Blau normal, Rot fehlt.
mögliche Ursachen	R-Y-Signal fehlt oder zu schwach.
Abhilfe	Durch Fachbetrieb; versuchsweise IC austauschen.
Fehlerbild	Nur flaues Farbbild, kein SW-Bild.
mögliche Ursachen	Y-Verstärker defekt.
Abhilfe	Videoendstufe überprüfen, Leuchtdichte-IC austauschen; Fachbetrieb.
Fehlerbild	Kein Bild, Hochspannung vorhanden.
mögliche Ursachen	Y-Verstärker defekt oder Bildröhrenheizstrom fehlt.
Abhilfe	Videoendstufe überprüfen, Heizstrom sicherstellen.
Fehlerbild	Rot und Grün sind (zeitweise) vertauscht.
mögliche Ursachen	Ansteuerung PAL-Schalter fehlerhaft.
Abhilfe	PAL-IC versuchsweise austauschen; ansonsten die Reparatur lieber Fachbetrieb überlassen.
Fehlerbild	Farbbild hat feine waagrechte Linien (Jalousie-Effekt).
mögliche Ursachen	Laufzeitdemodulator mit 64 µs-Verzögerung ausgefallen.
Abhilfe	Laufzeitverstärker und Verzögerungsspule überprüfen; ansonsten die Reparatur lieber dem Fachbetrieb überlassen.
Fehlerbild	Bild verrauscht.
mögliche Ursachen	Antennenkabel defekt, Antennenanschluss nicht sauber oder korrodiert (Abschlusswiderstand im Antennenkreis fehlt); Tuner oder ZF defekt.
Abhilfe	Antennensignal mit zweiten Gerät überprüfen, falls dieses funktioniert,

| | Gerät an einen Fachbetrieb übergeben. |

Fehlerbilder der Bildröhre

Bildröhrenfehler sind nicht sehr häufig, machen sich aber gerade bei älteren Geräten bzw. Geräten mit hohen Betriebszeiten (besonders bei Computermonitoren) durch ein kontrastarmes und schnell übersteuertes Bild bemerkbar. Begleitend lässt sich oft eine Rotverschiebung im SW-Bild beobachten. Eine Reparatur dürfte sich dann nicht mehr lohnen.

Fehlerbild	Bild zunehmend kontrastarm, leicht übersteuert (evtl. Rotstich).
mögliche Ursachen	Bildröhre gealtert.
Abhilfe	Austausch lohnt nicht.
Fehlerbild	Bild zeigt fleckenweise Farbunreinheiten.
mögliche Ursachen	Entmagnetisierung fehlt; Starkes Magnetfeld in der Nähe der Bildröhre (beispielsweise ein Lautsprecher).
Abhilfe	Kaltleiterkombination überprüfen und Entmagnetisierungsschaltung auf Unterbrechung untersuchen.
Fehlerbild	Homogen wirkende Farbverschiebungen (Deckungsfehler).
mögliche Ursachen	Konvergenz verstellt, Defekt oder Unterbrechung in Konvergenzeinheit.
Abhilfe	Konvergenz einstellen, Konvergenzschaltung überprüfen.
Fehlerbild	Inhomogen wirkende Farbverschiebungen (Deckungsfehler).
mögliche Ursachen	Bildröhre schadhaft.
Abhilfe	Diagnose durch Fachbetrieb erhärten lassen.

Fehlerreparatur

Die Reparatur beginnt mit dem Öffnen der hinteren Abdeckung des *ausgesteckten* Fernsehgeräts bzw. Monitors. Je nach Modell müssen Sie dafür mehrere Schrauben lösen, um 90° verdrehen oder Arretiervorrichtungen mit Hilfe eines geeigneten Schraubenziehers entsichern. Bei fast allen Modellen lässt sich dann weiterhin das Chassis herausklappen oder herausziehen und seitliche Chassisteile ggf. nochmals herausklappen. Bei Monitoren müssen Sie hingegen noch den Strahlenschutzkäfig öffnen oder demontieren.

Bevor Sie einzelne Bauteile oder die Platinen mit der Hand berühren, lesen (und beachten) Sie bitte die folgenden Sicherheitshinweise sowie die auf Seite 21.

Sicherheitshinweise

Die Bildröhren von Farbfernsehempfängern benötigen eine Betriebsspannung von bis zu 25.000 Volt, eine Spannung, die absolut lebensgefährlich ist. Vermeiden Sie deshalb jede Annäherung an die hochspannungsführenden Teile (Hochspannungstransformator, Hochspannungskaskade, Hochspannungskabel, Bildröhrenanode, auch alle anderen Bildröhrenanschlüsse) während des Betriebs. Insbesondere die als Kondensator wirkende Anode der Bildröhre (Hochspannungsanschluss), aber auch andere Kondensatoren können selbst einige Zeit nach Abschalten des Geräts noch erhebliche Restladungen aufweisen und kräftigst „Schläge" austeilen (vor Austausch der Kaskade, Entladung über geeigneten Widerstand gegen Erdpotenzial vornehmen oder mehrere Stunden warten).

Messungen am laufenden Fernsehgerät dürfen Sie nur vornehmen, wenn die Potenzialfreiheit durch ein schutzisoliertes Schaltnetzteil, einen Netztransformator oder besser noch durch einen vorgeschalteten Trenntransformator gewährleistet ist. Schaltnetzteile führen selbst grundsätzlich Netzpotenzial (z.B. auch am Kühlblech des Leistungs-Schalttransistors), und eine Netztrennung besteht erst sekundärseitig.

Am vor Ihnen ausgebreiteten Chassis lokalisieren Sie nun unter Beachtung der Platinenaufschriften folgende Einheiten und Module (bei den meisten Geräten sind Signalteil und Impulsteil örtlich gut getrennt):

➤ *Einschalter*, *Netzteil* bzw. *Schaltnetzteil, Sicherungen* und *Entmagnetisierung* (Stromanschlusskabel verfolgen) – Schaltnetzteile sind gut am gedrungen wirkenden Übertrager zu erkennen, bei kleinen Geräten dient oft der Zeilentransformator zur Netztrennung. Die meist im Netzteil sitzende Entmagnetisierungsschaltung (PTC-Kombination, vgl. Abbildung 3.7) ist direkt an die Entmagnetisierungsspule angeschlossen, welche in halbem Radius am Bildröhrenglaskolben als „Kabelbaum" entlangläuft.

➤ *Zeilenendstufe* mit *Zeilentransformator, Kaskade* und Endstufentransistor bzw. -thyristoren auf großem Kühlblech (bei älteren Geräten meist in Käfig) – erkenntlich durch das an der Kaskade herausgeführte Hochspannungskabel, das seitlich in die Bildröhre führt. Bei älteren Geräten mit großer Bildschirmdiagonale sind Zeilentransformator und Kaskade getrennte Einheiten, ansonsten bilden sie meist eine einzige Einheit (vgl. Abbildung 5.15 rechts).

➤ *Vertikalendstufe* – erkennbar als typische Gegentaktendstufe mit zwei Endstufentransistoren auf Kühlkörper, evtl. auch IC.

➤ *Ost-West-Kissenentzerrung* – Aufschrift auf Platine beachten.

> *RGB-Endstufen* – das Modul befindet sich entweder direkt auf der Platine mit der Bildröhrenfassung oder lässt sich anhand des typischen Flachbandkabels mit rot-blau-grünen Adernisolationen erkennen.

> *Tuner* und *ZF-Modul* – erkenntlich als kleine Metallkästen in Zigarettenschachtelform (gesteckt), wobei der Antenneneingang unmittelbar in den Tuner führt.

> *Luminanz-* und *Farbartmodul* – gut erkennbar durch senkrecht heraustehendes nicht ganz streichholzschachtel-großes, meist grünes oder blaues PAL-Verzögerungselement (vgl. Abbildung 5.15 links).

> *Tonmodul* – erkenntlich am Lautsprecheranschluss

> *Bedienmodul* und *Fernsteuermodul* – das Bedienmodul sitzt normalerweise in der Nähe der Bedienelemente, das Fernsteuermodul fällt meist durch ein Relais auf.

Bevor Sie loslegen, nehmen Sie eine grobe Klassifizierung des Fehlers anhand des Fehlerbilds und der Fehlerbildtabellen vor. Dann wenden Sie die auf Seite 118 beschriebene „formale Methode" an. Wenn der Fehler damit nicht gefunden werden kann, besorgen Sie sich einen Schaltplan. Die nächste ernst zu nehmende Reparaturwerkstätte wird Ihnen vielleicht weiterhelfen; es gibt aber auch Betriebe, die sich auf das Geschäft des Hortens und Fotokopierens von Schaltplänen spezialisiert haben – zu zünftigen Preisen versteht sich (recht gut sortiert, aber nicht billig ist beispielsweise der *Schaltungsdienst Lange*, Tel: 030/72381-3; Fax: 030/72381-500; im Internet: *http://www.schaltungsdienst.com*). Wenn Sie Zugang zum Internet haben, können Sie natürlich auch gezielt nach bestimmten Schaltplänen und Ersatzteilen, insbesondere für Computermonitore suchen.

Einstellarbeiten, die am laufenden Gerät durchgeführt werden müssen, überlassen Sie entweder einem Fachbetrieb, oder Sie führen sie mit einem isolierten Schraubenzieher am gut gegen Umkippen gesicherten Chassis einhändig aus. Über einen Spiegel können Sie dabei das Bild beobachten. Verstellen Sie nur Einstellwiderstände, von denen Sie eindeutig wissen (etwa aufgrund der Platinenbeschriftung), welche Funktion sie haben.

Beachte *Betreiben Sie das Gerät grundsätzlich nur, wenn alle Module eingebaut sind und alle Stecker wieder an ihrem Platz sitzen. Entfernen Sie nie ein Modul oder einen Stecker während des Betriebs.* **Beachte**

Kaskade prüfen und austauschen

Während in modernen Fernsehgeräten und Monitoren der Zeilentransformator und die Hochspannungsgleichrichtung zu einem Bauteil integriert sind, verwenden ältere Fernsehgeräte noch eine externe Kaskade zur Gleichrichtung der Hochspannung. Die Kaskade ist eine Spannungs-Vervielfacherschaltung, bestehend aus fünf Hochspannungsdioden und fünf Hochvoltkondensatoren, die die bei ca. 4,5 KV liegende Ausgangsspannung des Zeilentransformators auf 25 KV hochtransformiert und gleichrichtet. An einem Abgriff (U_F) wird zusätzlich die Fokusspannung für die Bildschärfe gewonnen und durch einen regelbaren Spannungsteiler (Hochvolt-Potentiometer) auf etwa 4,8 KV eingestellt. Bei so großen Spannungen ist die Bauteilbelastung nicht unerheblich, daher sind Kaskadendefekte eine recht häufige Fehlerquelle. Eine kaputte Kaskade überlastet in den meisten Fällen die Zeilenendstufe dauerhaft oder kurzzeitig, bis eine Schutzschaltung anspricht und das Gerät abschaltet. Aus diesem Grund sind defekte Hochvolttransistoren in Zeilenendstufen oft auf eine defekte oder gealterte Kaskade zurückzuführen. Ein Kaskadendefekt, der zum Abschalten der Versorgungsspannung für die Zeilenendstufe führt (Sicherung, Schutzschaltung oder Schaltnetzteil), lässt sich durch einen Trick einfach diagnostizieren, sofern Zeilentrafo und Kaskade keine Einheit bilden: Man trennt die Verbindung zwischen Hochspannungswicklung des Zeilentransformators und dem Anschluss $U_\sim$ an der Kaskade und schaltet das Gerät kurz ein. Wenn die Schutzschaltung nicht mehr anspricht und das Pfeifen des Zeilentransformators jetzt ertönt, muss die Kaskade ausgetauscht werden.

Vor dem Austausch der Kaskade muss sichergestellt sein, dass die Bildröhre keine Ladung mehr besitzt. Dieser Fall ist meist gegeben, wenn die Kaskade einen Totalausfall des Geräts verursacht. Funktioniert die Kaskade aber (teilweise) noch, muss die Bildröhrenanode entweder explizit geerdet werden (am besten über einen hochohmigen Widerstand) oder *Sie warten einige Stunden, bevor Sie den Anodenanschluss mit einer gut isolierten Zange ziehen.* Erden Sie keinesfalls über das Chassis – erstens führt es kein Erdpotenzial und zweitens zerstören Sie damit jede Menge der empfindlichen ICs. Ein in die Nähe des Hochspannungskabels (keinesfalls direkt an den Anodenanschluss) gehaltener Phasenprüfer müsste bei noch vorhandener Ladung kräftig leuchten. Vor dem Wiederanschluss der Anode sollte die Bildröhre am Anodenanschluss noch einmal geeignet entladen werden, nicht zuletzt, um auch Defekten an den empfindlichen ICs vorzubeugen. Nach erfolgreichem Hochlaufen des Geräts muss die Fokusspannung noch auf größte Bildschärfe eingestellt werden.

Abb. 5.15: *links* PAL-Decoder-Modul mit Verzögerungsgliedern eines älteren Fernsehge-
rätes; *rechts* Standardkaskade

Anhang

Halbleitertabellen

Dieser Tabellenanhang stellt eine Auswahl wichtiger Halbleiter samt der wichtigsten Kenngrößen zusammen. Die meisten Informationen und auch Preise entstammen auszugsweise dem Lieferprogramm der Firma Conrad Elektronik (*http://www.conrad.com*), wie es im Katalog 2001 zu finden ist. Ein größere Auswahl an Halbleitern finden Sie beispielsweise bei der Bürklin OHG (*http://www.Buerklin.de*) sowie bei der Firma Segor Electronics (*http://www.segor.de*).

Tab. A.1: Gängige Silizium-Universaldioden

Bezeichnung	U_{max} (V)	I_{Dauer}(A)	Preis €
1 N 4148	100	0,1	0,05
1 N 4001	50	1	0,10
1 N 4002	100	1	0,10
1 N 4003	200	1	0,10
1 N 4004	400	1	0,10
1 N 4005	600	1	0,12
1 N 4006	800	1	0,12
1 N 4007	1000	1	0,12
1 N 4007 A	1300	1	0,12
1 N 5400	50	3	0,25
1 N 5404	400	3	0,30
1 N 5406	600	3	0,30
1 N 5408	800	3	0,30
BY-255	1200	3	0,40
BYX-55/600	600	1,2	0,50
P600A	50	6	0,70
P600D	200	6	0,70
P600J	600	6	0,70
P600D	50	6	0,70

Tab. A.2: Zenerdioden*⁾

Bezeichnung	U_Z	P_Z / I_Z	Preis €
ZPD x,y V	x,y	0,5 W	0,15
BZX 55/x,y V	x,y	0,5 W	0,15
BZX 71/CxVy	x,y	0,5 W	0,15
BZX 79/CxVy	x,y	0,5 W	0,15
BZX 83/CxVy	x,y	0,5 W	0,15
BZX 88/CxVy	x,y	0,5 W	0,15
ZPY x,y V	x,y	1 W	0,25 – 0,35
BZX 29/x,y V	x,y	1 W	0,25
BZX 85/CxVy	x,y	1 W	0,25
BZX 92/CxVy	x,y	1 W	0,25
BZX 95/CxVy	x,y	1 W	0,25
BZX 96/CxVy	x,y	1 W	0,25
BZX 97/CxVy	x,y	1 W	0,25
1N821A (tempstab.)	6,2 V – 0,01%/°C	7,5 mA	1,00

1N823A (tempstab.)	6,2 V – 0,005%/°C	7,5 mA	1,10
1N825A (tempstab.)	6,2 V – 0,002%/°C	7,5 mA	2,00
ZTK 33V7 (tempstab.)	33 V – 0,005%/°C	7,0 mA	0,70

Tab. A.3: Transistoren[*)]

Typ	Art	U_{max} (V)	I_{max} (A)	Preis €
AF 139	PNP	15	0,01	0,69
BC 107A	NPN	45	0,2	0,41
BC 107B	NPN	45	0,2	0,41
BC 108A	NPN	20	0,2	0,38
BC 108B	NPN	20	0,2	0,38
BC 108C	NPN	20	0,2	0,38
BC 109B	NPN	20	0,2	0,51
BC 140	NPN	40	1	0,51
BC 141A	NPN	60	1	0,51
BC 141/6	NPN	60	1	0,64
BC 141/10	NPN	60	1	0,46
BC 141/16	NPN	60	1	0,46
BC 148B	NPN	20	0,2	0,36
BC 149C	NPN	20	0,2	0,36
BC 161/6	PNP	60	1	0,51
BC 161/10	PNP	60	1	0,51
BC 161/16	PNP	60	1	0,51
BC 177B	PNP	45	0,2	0,38
BC 179A	PNP	20	0,2	0,38
BC 179C	PNP	20	0,2	0,38
BC 264A	NPN	30	0,01	1,51
BC 264 B= BC 557A	NPN	30	0,01	0,64
BC 327/16	PNP	45	1	0,18
BC 327/25	PNP	45	1	0,18
BC 327/40	PNP	45	1	0,18
BC 328/16	PNP	25	1	0,18
BC 328/25	PNP	25	1	0,18
BC 328/40	PNP	25	1	0,18
BC 337/16	NPN	45	1	0,18
BC 337/25	NPN	45	1	0,18
BC 337/40	NPN	45	1	0,18
BC 338/16	NPN	25	1	0,18
BC 338-25	NPN	25	1	0,18
BC 338-4C	NPN	25	1	0,18
BC 516	PNP	30	0,4	0,26
BC 517	NPN	30	0,4	0,26
BC 546A	NPN	65	0,2	0,18
BC 546B	NPN	65	0,2	0,18
BC 547A	NPN	45	0,2	0,13
BC 547 B	NPN	45	0,2	0,13
BC 547 C	NPN	45	0,2	0,13
BC 548 A	NPN	30	0,2	0,13
BC 548 B	NPN	30	0,2	0,13
BC 548 C	NPN	30	0,2	0,13
BC 549 B	NPN	30	0,2	0,13
BC 549C	NPN	30	0,2	0,13
BC 550 B	NPN	45	0,2	0,13
BC 550 C	NPN	45	0,2	0,13
BC 556 B	PNP	65	0,2	0,13
BC 557A	PNP	45	0,2	0,13
BC 557 B	PNP	45	0,2	0,13
BC 557 C	PNP	45	0,2	0,13

Typ	Art	U_{max} (V)	I_{max} (A)	Preis €
BC 558A	PNP	30	0,2	0,13
BC 558 B	PNP	30	0,2	0,13
BC 558 C	PNP	30	0,2	0,13
BC 559A	PNP	30	0,2	0,13
BC 559 B	PNP	30	0,2	0,13
BC 559 C	PNP	30	0,2	0,13
BC 560 C	PNP	45	0,2	0,13
BC 635	NPN	45	1,5	0,33
BC 636	PNP	45	1,5	0,33
BC 637	NPN	60	1,5	0,33
BC 638	PNP	60	1,5	0,33
BC 639	NPN	80	1,5	0,33
BC 640	PNP	80	1,5	0,33
BC 875	NPN	45	2	0,51
BC 877	NPN	60	2	0,51
BC 878	PNP	60	2	0,51
BC 879	NPN	80	2	0,51
BC 880	PNP	80	2	0,51
BCY 58-7	NPN	32	0,2	0,36
BCY 58-8	NPN	32	0,2	0,38
BCY 59-8	NPN	45	0,2	0,38
BCY 59-9	NPN	45	0,2	0,38
BCY 59-10	NPN	45	0,2	0,38
BCY 78-7	PNP	32	0,2	0,38
BCY 79-8	PNP	45	0,2	0,38
BCY 79-9	PNP	45	0,2	0,69
BD 131	NPN	45	6	1,12
BD 135	NPN	45	2	0,36
BD 136	PNP	45	2	0,36
BD 137	NPN	60	2	0,36
BD 138	PNP	60	2	0,36
BD 139	NPN	80	2	0,51
BD 140	PNP	80	2	0,41
BD 159	NPN	350	1	0,89
BD 165	NPN	45	3	0,79
BD 175	NPN	45	6	0,51
BD 179	NPN	80	6	0,51
BD 190	PNP	60	4	1,05
BD 233	NPN	45	4	0,46
BD 234	PNP	45	6	0,51
BD 235	NPN	60	6	0,51
BD 236	PNP	60	6	0,51
BD 237	NPN	80	6	0,77
BD 238	PNP	80	6	0,66
BD 239	NPN	45	4	0,77
BD 239A	NPN	60	4	0,61
BD 239 C	NPN	80	4	0,61
BD 240	PNP	45	4	0,64
BD 240 B	PNP	80	4	0,64
BD 241	NPN	45	5	0,59
BD 241 A	NPN	60	5	0,59
BD 241 B	NPN	80	5	0,66
BD 241 C	NPN	100	5	0,59
BD 242	PNP	45	5	0,69
BD 242 A	PNP	60	5	0,69
BD 242 B	PNP	80	5	0,69
BD 242 C	PNP	100	5	0,69
BD 243 B	NPN	80	10	0,79
BD 243 C	NPN	100	10	0,66

Typ	Art	U_{max} (V)	I_{max} (A)	Preis €
BD 244	PNP	45	10	0,72
BD 244A	PNP	60	10	0,72
BD 244 B	PNP	80	10	0,72
BD 244C	PNP	100	10	0,77
BD 245	NPN	45	15	1,28
BD 245 B	NPN	80	15	1,28
BD 245 C	NPN	100	15	1,28
BD 246 B	PNP	80	15	1,28
BD 246 C	PNP	100	15	1,28
BD 249	NPN	45	40	2,02
BD 249 B	NPN	80	40	1,51
BD 250 B	PNP	80	40	2,22
BD 410	NPN	325	1,5	0,77
BD 433	NPN	22	7	0,61
BD 434	PNP	22	7	0,61
BD 435	NPN	32	7	0,61
BD 436	PNP	32	7	0,64
BD 437	NPN	45	7	0,61
BD 438	PNP	45	7	0,61
BD 439	NPN	60	7	0,61
BD 440	PNP	60	7	0,69
BD 537	NPN	80	8	0,66
BD 538	PNP	80	8	0,74
BD 644	PNP	45	12	0,74
BD 645	NPN	60	12	0,87
BD 648	PNP	80	12	0,89
BD 649	NPN	100	12	0,89
BD 650	PNP	100	12	0,89
BD 676	PNP	45	6	0,59
BD 677	NPN	60	6	0,59
BD 678	PNP	60	6	0,87
BD 679	NPN	80	6	0,56
BD 680	PNP	80	6	0,54
BD 809	NPN	80	10	1,18
BD 810	PNP	80	10	1,18
BD 909	NPN	80	15	0,84
BD 910	PNP	80	15	0,84
BDW 83 B	NPN	80	15	1,97
BDW 84	PNP	45	15	1,92
BDW 84 B	PNP	80	15	2,02
BDW 93 A	NPN	60	15	1,00
BDW 93 C	NPN	100	15	1,00
BDW 94 C	PNP	100	15	1,00
BDX 53 A	NPN	60	12	0,69
BDX 53 B	NPN	80	12	0,69
BDX 54 B	PNP	80	12	0,72
BDX 66	PNP	60	20	5,09
BF 199	NPN	25	0.025	0,31
BF 240	NPN	40	0,025	0,23
BF 244A	NPN	30	0,01	0,72
BF 244B	NPN	30	0,01	0,82
BF 245A	NPN	30	0.01	0,64
BF 245 B	NPN	30	0,01	0,69
BF 245 C	NPN	30	0.01	0,64
BF 246 A	NPN	25	0.01	0,69
BF 247	NPN	25	0.01	0,69
BF 256 C	NPN	30	0,01	0,72
BF 257	NPN	160	0.2	0,72
BF 258	NPN	250	0,2	0,72

Typ	Art	U_{max} (V)	I_{max} (A)	Preis €
BF 422	NPN	250	0,1	0,33
BF 423	PNP	250	0.1	0,33
BF 450	PNP	40	025	0,20
BF 458	NPN	250	0,3	0,51
BF 459	NPN	300	0.3	0,51
BF 469	NPN	250	0.1	0,51
BF 471	NPN	300	0,1	0,61
BF 472	PNP	300	0.1	0,61
BF 494	NPN	20	0.03	0,26
BF 759	NPN	350	0.7	0,69
BF 869	NPN	250	0.1	0,51
BF 900	NPN	20	0.05	1,00
BFR 90	-	15	0.025	0,82
BFR 90 A	NPN	15	0.025	0,72
BFR 91	NPN	15	0.05	1,12
BFR 91 A	NPN	12	0.035	1,20
BFR 96	-	-	0,15	1,51
BFW 92	NPN	15	0,05	1,00
BS 107 -				0,64
BS 170 -				0,51
BSR 60	PNP	45	2	1,41
BS 250	-	-	.	0,79
BSX 20	NPN	15	0,5	0,51
BSX 45-16	NPN	60	1	0,51
BSX 47-10	NPN	80	1	0,77
BSY 56	NPN	80	0,5	1,00
BU 205	NPN	700	3	2,28
BU 208	NPN	700	7,5	2,02
BU 208 D	NPN	700	7,5	2,38
BU 326A	NPN	400	8	2,53
BU 426	NPN	375	8	2,22
BUL 45	NPN	700	5	1,41
BUT 11	-	-	-	1,00
BUT 11A	-	-	-	1,00
BUT 11AF	-	-	-	1,00
BUV 48A	NPN	450	15	3,55
BUX 37	NPN	400	15	3,55
BUX 80	NPN	400	15	3,04
BUZ 11	NPN	50	30	1,66
BUZ 20	NPN	100	12	2,12
BUZ 23	NPN	100	10	4,22
BUZ 24	NPN	100	32	5,09
BUZ 71 A	NPN	50	12	1,61
E 300	NPN	25	0,3	1,51
E 310 = J300 = E300	NPN	25	0,06	1,25
MJ 2501	PNP	80	10	2,53
MJ 2955	PNP	60	15	2,02
MJ 3000	NPN	60	10	2,02
MJ 3001	NPN	80	10	3,04
MJE 340	NPN	300	0,5	0,89
MJE 2955	PNP	60	10	0,89
MJE 30551	-	-	-	0,77
MPSA 05	NPN	60	0,5	0,49
MTP 3055	-	-	-	1,66
S2000 AFI	-	-	15	2,53
SGS D 200	NPN	80	25	2,53
TIP 41 B	NPN	80	10	0,89
TIP 42 B	PNP	80	10	0,74
TIP 49	NPN	350	20	1,35

Typ	Art	U_{max} (V)	I_{max} (A)	Preis €
TIP 110	NPN	60	4	0,79
TIP 116	PNP	80	4	0,69
TIP 120	NPN	60	8	0,74
TIP 121	NPN	80	8	0,74
TIP 122	NPN	100	8	0,79
TIP 125	PNP	60	8	0,72
TIP 130	NPN	60	12	0,77
TIP 131	NPN	80	12	0,74
TIP 135	PNP	60	12	0,77
TIP 136	PNP	80	12	0,77
TIP 140	NPN	60	15	1,20
TIP 141	NPN	80	15	1,41
TIP 142	NPN	100	15	1,87
TIP 145	PNP	60	15	1,64
TIP 146	PNP	80	15	1,64
TIP 147	PNP	100	15	1,87
TIP 160	NPN	320	15	2,38
TIP 162	NPN	380	15	2,81
TIP 2955	PNP	70+	-15	1,20
TIP 3055	NPN	70+	-15	1,41
2 N 918	NPN	15	0,05	0,95
2 N 1613	NPN	75	1	0,64
2 N 1711	NPN	75	1	0,61
2 N 1893	NPN	80	0,5	0,66
2 N 2218	NPN	30	0,8	0,51
2 N 2218A	NPN	40	0,8	0,49
2 N 2219	NPN	30	0,8	0,74
2 N 2219A	NPN	40	0,8	0,51
2 N 2222	NPN	30	0,8	0,36
2 N 2222 A	NPN	40	0,8	0,38
2 N 2369 A	NPN	15	0,5	0,51
2 N 2484	NPN	60	0,05	0,51
2 N 2904	PNP	40	0,6	0,59
2 N 2904 A	PNP	60	0,6	0,51
2 N 2905 A = 2 N 2905	PNP	60	0,6	1,15
2 N 2907	PNP	40	0,6	0,56
2 N 2907A	PNP	60	0,6	0,56
2 N 3019	NPN	80	1	0,56
2 N 3054	NPN	55	4	1,25
2 N 3055	NPN	60	15	1,20
2 N 3702	PNP	25	0,2	0,36
2 N 3704	NPN	30	0,8	0,41
2 N 3771	NPN	40	30	2,53
2 N 3772	NPN	60	30	2,53
2 N 3773	NPN	140	30	2,28
2 N 3819	NPN	25	0,01	0,79
2 N 3866	NPN	30	0,4	1,92
2 N 3904	NPN	40	0,2	0,28
2 N 3906	PNP	40	0,2	0,20
2 N 4033	PNP	80	1	0,74
2 N 4416	NPN	30	10	1,51
2 N 4427	NPN	20	0,4	1,00
2 N 5320	NPN	75	2	2,94
2 N 5550 = 2 SC 2547E	NPN	120	0,1	0,51
2 SA 1085E = 2 N 5401	PNP	120	0,1	0,51
2 SC 458	NPN	30	0,1	0,89
2 SC 2166	NPN	75	4	2,02

*) der Preisliste von Conrad-Elektronic 2001 entnommen

Tab. A.4: Gängige Triacs*)

Typ	I_{gate} (mA)	$I_{A1/A2}$ (A)	U (V)	Preis €
BT 136	35	4	500	1,02
BT 136/600 D	5	4	600	1,25
BT 137/500 D	5	8	500	1,53
BT 138/600	10	12	600	1,53
BT 139/800	10	16	800	2,17
TIC 206 D	5	4	400	1,02
Q 4004L4	24	4	400	2,17
Q 4004 LT (integr. Diac)	-	4	400	2,22
Q 4006 LT (integr. Diac)	-	6	400	2,81
Q 4008 LT (integr. Diac)	-	8	400	3,25
TIC 226 D	50	8	400	1,53
Q 4010 L 4	25	10	400	3,04
Q 4010 LT (integr. Diac)	-	10	400	3,83
Q 4015 LT (integr. Diac)	-	15	400	3,25
TIC 206 M	10	3	600	1,02
TIC 216 M	10	6	600	1,53
TIC 225 M	10	8	600	1,53
TIC 226 M	50	8	600	1,20
TIC 236 M	50	12	600	1,53
TIC 246 M	50	16	600	2,05
TIC 253 M	50	20	600	2,81
TIC 263 M	50	25	600	3,25
TIC 226 N	50	8	800	1,53
TIC 236 N	50	12	800	2,05

*) der Preisliste von Conrad-Elektronic 2001 entnommen

Tab. A.5: Gängige Thyristoren*)

Typ	I (A)	U (V)	Preis €
BRX 45 / 2N 5061=TIC 45	0.8	60	0,51
BRX 47/TIC 47	0.8	200	0,74
BT 151	12	800	1,53
BT 152	20	800	1,79
C 106 = C 107D	3	400	0,64
S 4006 L	6	400	2,02
S 4010 L	10	400	2,05
S 6010 L	10	600	2,22
P-0109-AA (IGT 1µA)	0.8	100	1,02
TIC 106 E 5	5	500	,02
TIC 106 D	5	400	1,02
TIC 106 N 5	5	800	1,02
TIC 116 M 8	8	600	1,28
TIC 126 N 12	12	800	1,53
S 4015 L	15	400	2,81
S 4020 L	20	400	3,07

*) der Preisliste von Conrad-Elektronic 2001 entnommen

Tab. A.6: Gängige Power-MOSFETs N-Kanal*)

Typ	I_{Drain} (A)	U_{DS} (V)	P_D (W)	R_{DS} (Ω)	Preis €
BTS 131	6,5	50	75	0,06	3,66
BUZ 10	19	50	75	0,1	1,66
BUZ 11	30	50	75	0,04	0,69
BUZ 20	12	100	75	0,20	2,12
BUZ 23	10	100	78	0,20	4,22

Typ	I_{Drain} (A)	U_{DS} (V)	P_D (W)	R_{DS} (Ω)	Preis €
BUZ 24	32	100	125	0,06	5,09
BUZ 71	12	50	40	0,12	1,61
BUZ 90	4,5	600	75	1,6	2,53
BUZ 100S	77	55	170	0,015	2,43
BUZ 102S	52	55	120	0,023	1,82
BUZ 103S	31	55	75	0,04	1,46
BUZ 104S	14	55	35	0,1	1,10
BUZ 111S	80	55	250	0,008	3,76
RFD 15N05	15	50	25	0,047	1,00
GEP 50N05	50	50	110	0,022	5,37
IRF 520N	9,5	100	47	0,20	0,64
IRF 530N	15	100	63	0,11	0,74
IRF 540N	27	100	94	0,052	1,10
IRF 1010N	72	55	170	0,012	1,76
IRF 1310N	36	100	120	0,0036	2,12
IRF 3205	98	55	200	0,008	2,53
IRF 3710	46	100	150	0,028	2,94
IRF P054N	72	55	170	0,012	3,55
IRF P064N	98	55	200	0,008	4,22
IRF P150N	39	100	140	0,036	2,63
IRF P3710	51	100	180	0,028	3,76
IRF Z10=14	7,2	50	20	0,2	1,35
IRF Z22	14	50	40	0,12	2,02
IRF Z24N	17	55	45	0,07	1,00
IRF Z30	30	50	75	0,05	2,12
IRF Z34N	26	55	68	0,04	0,69
IRF Z40 = 44N	35	60	150	0,024	2,68
IRF Z46N	46	55	120	0,02	0,95
IRF Z48N	53	55	140	0,016	1,10
IRL Z34N	27	55	56	0,035	1,00
MTP 3055 E	12	60	40	0,15	1,66
MTP 3N 50	3	500	75	-	2,17
RFP 12N10	12,0	100	60	0,2	1,07
RFP 12P08	12	80	75	0,3	1,66
RFP 15N05L	15	50	60	0,14	2,12

*) der Preisliste von Conrad-Elektronic 2001 entnommen

Tab. A.7: Gängige Power-MOSFETs P-Kanal*)

Typ	I_{Drain} (A)	U_{DS} (V)	P_D (W)	R_{DS} (Ω)	Preis €
BTS 100	1,5	50	40	0,3	3,20
BUZ 271	22	50	125	0,15	3,20
IRF 4905	64	55	200	0,0252	3,71
IRF 5210	35	100	150	0,06	3,30
IRF 5305	31	55	110	0,06	1,41
IRF 9513=9520	2,5	60	20	1,6	1,61
IRF 9530U	12	100	75	0,3	2,12
IRF 9530N	13	100	75	0,252	0,79
IRF 9540N	19	100	94	0,117	1,35
IRF 9533	10	60	75	0,4	2,68
IRF 9543	15	60	125	0,3	3,55
IRF 9620	3,5	200	40	1,5	3,14
IRF 9640	11	200	125	0,5	3,71
IRF 9Z24N	12	55	45	0,175	0,84
IRF 9Z34N	17	55	68	0,1	0,95
RFP 30P05	30	50	120	0,065	5,37

*) der Preisliste von Conrad-Elektronic 2001 entnommen

Tab. A.8: Gängige ICs*⁾

Typ	Bezeichnung	Beinchen	Preis €
A 210K	10W NF-Verstärker	12/DIL	€ 1,53
A 592 AN	Temp.-Messwert-Umformer	TO92	€ 8,67
AD 654 IN	U/F/Converter	8/DIL	€ 11,22
AD 670 JN	Conditioning 8 Bit-ADC	8/DIL	€ 22,98
ADC 08041 CN	8 Bit-A/D-Wandler	20/DIL	€ 4,73
BTS629A	Dimmer2A/12V	TO220	€ 3,71
CA 3046	Array 3 NPN Diff. Pair	14/DIL	€ 1,02
CA 3059	Zero Switch	14/DIL	€ 2,05
CA 3080 E	OTA Dip	8/DIL	€ 1,51
CA 3081 E	7 NPN Array	16/DIL	€ 1,51
CA 3082 DU	7 NPN Array	16/DIL	€ 1,28
CA 3086	NPN-Transistor-Array	14/DIL	€ 1,02
CA 3089E	FM-ZF-Verstärker = TCA 3089	16/DIL	€ 1,92
CA 3094 E	Programmierb. Schalter/Verst.	8/DIL	€ 2,05
CA 3094AT	OP mit hohem Ausg.-strom	8/TO5	€ 3,37
CA 3096	Arrayy 3NPN+2PNP Trans.	16/DIL	€ 2,56
CA 3098	Programmierb. Schmitt-Trigger	8/DIL	€ 2,56
CA 3100E	Breitband OP	8/DIL	€ 2,56
CA 3130E	CMOS-Opmit FET-Eing.DIP8	8/DIL	€ 1,79
CA 3130T	CMOS-OP mit FET-Eing.	8TO5	€ 2,56
CA 3140E	CMOS-OP-FET N-Kanal	8/DIL	€ 0,92
CA 3140T	CMOS-OP-FET N-Kanal	8/TO5	€ 3,07
CA 3160E	Bi-MOS-OP	8/DIL	€ 1,53
CA 3161 E	BCD-7-Segm. Dec. u. Treiber	16/DIL	€ 2,05
CA 3162E	A/D Converter	16/DtL	€ 7,41
CA 3240 E	2 x CA 4140	8/DIL	€ 2,05
CCS 9310B2	Ladecontroller	18/DIL	€ 12,53
CM 8870 CPI	DTMF Integrated Receiver	18/DIL	€ 4,73
CTC 1189	=8911	44/PLCC	€ 7,93
CTC 494	Codeschloss-IC	44/PLCC	€ 11,73
DAC 0808 LCN	8-Bit D/A	16/DIL	€ 4,06
D 51615	Temperatur-Recorder	16/DIP	€ 13,55
EL 2020 CN	50 MHz Op. Verstärker	8/DIL	€ 6,90
F 5603	IC für Gassensor TG5 800	18/DIL	€ 10,20
HIP 5600 IS	Sa-Realer 1.2-320 V	TO220	€ 3,71
HT 12D	Decoder	18/DIL	€ 2,56
HT 12E	Encoder	18/DIL	€ 3,37
HT 12F	Decoder	18/DIL	€ 3,55
HT 88	Sound Generator	18/DIL	€ 2,05
HT 600	Encoder	DIL/20	C3,20
HT 614	Decoder	DIL/20	€ 3,20
HT 2813E	Sound-IC Vogelstimme	DIL16	€ 1,53
HT 2830A	Sound-IC Flugzeug/Motorrad	DIL18	€ 2,02
HT 2830 B	Sound IC Hubschrauber	DIL18	€ 2,02
HT 2844 C	Sound-IC Huhn, Grille, Frosch, Vogel	DIL16	€ 1,28
HT 2844 P	Sound-IC 4 Fluozeuggeräusch	DIL16	€ 1,28
IL 300	Optokoppler IL 200 KHz	8/DIL	€ 4,86
TCL 7106CPL	A/D-Wandler 3½ stell. f. LED	40/DIL	€ 3,71
ICL 7107CPL	A/D-Wandler 3½ stell. f. LED	40/DIL	€ 3,71
ICL 7116CPL	A/D 3½ Dig LCD	40/DIL	€ 5,37
ICL 7660SCPA	E-MOS Spannungswandler	8/DIL	€ 2,56
ICL 7662 CPA	CMOS Voltage Converter	8/DIL	€ 5,37
ICL 7667	Dual Power MOSFET Treiber	8/DIL	€ 4,06
ICL 8038	Präz.-Funktionsgen.	14/DIL	€ 5,09
ICL 8069	Low Voltage Reference	TO/92	€ 2,02
ICM 7217A	4-Dig.Vor/Rück-Zähler (gem. K.)	28/DIL	€ 14,29
ICM 7217 I	Zähler f. Anz. m. dem. Anode	28/Cerdip	€ 18.89

Typ	Bezeichnung	Beinchen	Preis €
ICM 7224 IP!	4½-Dig.-LCD-Zähler	40/DIL	€ 16.85:
ICM 7226 BIPL	F. Zähler	40/DIL	€ 35.76
ICM 7555	CMOS 555 Timer	8/DIL	€ 0,82
ICM 7556 IPD	Präz.-Doppel-Timer	14/DIL	€ 1.02
ICS 1700 N	Akku-Lade-Controller	16/DIL	€ 5.31
ICS 1702	Akku + NiMH-Lade-Controller	20/DIL	€ 15.31
ISD 1016AP	Sprach IC	28/DIL	€ 21.22
ISD 2560 P	Sprachspeicher-IC 60 Sek.	28/DIP	€ 2S.54
L 200	Sp.-Regler 2.85...36V 2.0 A	5/PENTAW.	€ 2.05
L 296	Schaltnetzteil-IC	15/MULTIW.	€ 7.13
LA 4445	Stereo-Verst.2x5,5W	12/SIL	€ 3.40
LF 351	Bi FET OP	8/DIL	€ 0,77
LF 353	Dual Bi-FET-OP	8/DIL	€ 0,84
LF 355N	OP mit J-FET-Eingang	8/DIL	€ 1.02
LF 356 N	OP mit J-FET-Eingang	8/DIL	€ 1.15
LF 357P	OP mit J-FET-Eindang	8/DIL	€ 1.15
LF 398N	Sample and Hold	8/DIL	€ 3.55
LM 10CH	OP mit eingeb. Referenz	8/TO	€ 9.97
LM 301 AH	Operationsverstärker	8/TO99	€ 2.56
LM 301 AP	Operationsverstärker	8/DIL	€ 0,87
LM 308 H	Operationsverstärker	8/TO99	€ 2.33
LM 309 K	Spannungsregler 5V/1A	TO3	€ 4.73
LM 311 P	Spannungskomp.	8/DIL	€ 0,51
LM 317 LP =TL317LP	Spannungsrgl. 1,2-32V/0,1A	3/TO92	€ 1
LM 317 K	Spannungsrgl 1,2-37V/1,5A	TO3	€ 2.68
LM 317T	Sp.-Regler1,2-37V/1,5A	3/TO 220	€ 1.02
LM 318 H	Operationsverstärker	8/TO99	€ 3.91
LM 318 P	High-Speed OP	8/DIL	€ 1.41
LM 319 N	Doppel-Komparator	14/DIL	€ 1.97
LM 323 K	Spannungsregler 5 V/3 A	TO3	€ 5.37
LM 324 N	4fach OP m. Frequenzkomp.	14/DIL	€ 0,51
LM 331 N	Spannungs-Frequ.-Conv.	8/DIL	€ 7.13
LM 334 Z	Einstellb. Präz.-Stromquelle	3/TO92	€ 1.53
LM 335 Z	Einstellb. Temp.-Sensor	3/TO92	€ 1.87
LM 336 Z	Spannungsreferenz 2,5V	3/TO92	€ 1.71
LM 336 Z	Spannungsreferenz 5V±1%	3/TO92	€ 1.71
LM 337	Einst. neg. Spannungsregler	TO3	€ 6.62
LM 339 N	4fach Differenz-Komparator	14/DIL	€ 0,51
LM 348 N	4fach OP (4 x UA741)	14/DIL	€ 0,74
LM 350 T	Sp.-Regler 1,25-33 V	3/TO220	€ 4.22
LM 358 P	2fach OP	8/DIL	€ 0,66
LM 359	High-SpeedNortenOP	14/DIL	€ 4.22
LM 380 N	NF-Leistungsverst. 2,5W	14/DIL	€ 0.53
LM 380 N	NF-Leistungsverstärker	8/DIL	€ 2.05
LM 385-2.5	Ref. Diode 2,5V	TO46	€ 1.71
LM 385-1.2	Ref. Diode 1,2V	TO46	€ 1.71
LM 386 N-1	NF-Verst. 325mW/4-12V	8/DIL	€ 1.02
LM 387 N	Rauscharmer Dual-Verst.	8/DIL	€ 2.53
LM 393 P	2fach Diff.-Komparator	8/DIL	€ 0,51
LM 709TO	Operationsverst.	8/TO99	€ 2.05
LM 710C/DIL	Diff.-Komp.	14/DIL	€ 1.46
LM 723 DIL	Spannungsrgl.3 ... 37 V	14/DIL	€ 0,51
LM 723 TO	Spannungsregler 3...37 V	TO10	€ 2.05
LM 733CN	Video Diff. Ampl.	14/DIL	€ 1,87
LM 741 CN	Operationsverstärker	14/DIL	€ 1.53
LM 741 TO	Operationsverstärker	8/TO99	€ 2.05
LM 741 DIP	Operationsverstärker	8/DIL	€ 0.26
LM 747DIL	Dual-OP = 2 x 741	14/DIL	€ 1.02
LM 748 C/DIP	Präz.Operationsverstärker	8/DIL	€ 0,74

Typ	Bezeichnung	Beinchen	Preis €
LM 1830	Feuchtesensor-IC	14/DIP	€ 5.37
LM 1876TF	Hifi-Audio-Verst. 2x20W	15/SIL	€ 7.64
LM 1881	Video Sync Seperator	8/DIL	€ 7.13
LM 2575T-05	1A Step-Down Sp.-Regler	TO220	€ 6.62
LM 2902 N	4fach Op. Verst.	14/DIL	€ 0,66
LM 3900 N	Quad-OP-Verst.	14/DIL	€ 1.02
LM 3914 N	LED-Aussteuerung	18/DIL	€ 3.71
LM 3915 N	3-dB-Bar Graph.Displ.Drv	18/DIL	€ 3.91
LM 4700TF	NF-Verst. 30W	15/SIL	€ 6.90
LM 4860-S016	HIFI OP 2x1 W	SO/16	€ 4,22
LM 9140	Spannungsref. 2 V ± 0.5 %	TO3	€ 4,73
LM 9140	Spannungsref. 5.0 V ± 0,5 %	TO3	€ 4,73
LM 13600	Dual Transcond. OP-Amp.	16/DIL	€ 2,74
LS 7220	Code-Schloss-IC	14/DIL	€ 4,73
LS 7225	Code-Schloss-IC	14/DIL	€ 4,22
LT 1003 CK	Sp.-Regler 5V/5A	TO3	€ 10,20
LT 1006 CN8	Prec.Single OPAmp.	8/DIL	€ 5,09
LT 1016 CN8	High-Speed Comparator	8/DIL	€ 8,67
LT 1021	5V-Präz.-Spannungsref. 0.5%	8/DIL	€ 6,90
LT 1037	Rauscharmer OP	8/DIL	€ 7,64
LT 1038Ck	Sp.-Regler 1,2...33V	TO3	€ 21,22 ,
LT 1054	Spannungs-Converter	8/DIL	€ 8,67
LT 1070	Schaltregler	TO220	€ 12,76
LT 1073	Micro Power Single Switching Regulator 1A	8/DIL	€ 8,67
LT 1074-CT	5A-Regler	5/TO 220	€ 13,78
LT 1081	RS232	16/DIL	€ 8,67
LT 1083 CP	Low Drop I.25...30V1.5A	TO247	€ 17,36
LT 1083-5 CP	Low Drop 5V7,5A	TO247	€ 16,11
LT 1083-12 CP	Low Drop 12 V 7.5 A	TO247	€ 16,11
LT 1084 CP	Low Drop 1.25-30 V	TO247	€ 12,02
LT 1084-5 CP	Low Drop 5 V 5 A	TO247	€ 12,02
LT 1084-12 CP	Low Drop 12 V 5 A	TO247	€ 12,02
LT 1085 CT	Low Drop 1.25-30 V	TO220	€ 8,95
LT 1085-5 CT	Low Drop 5 V 3 A	TO220	€ 9,18
LT 1085-12 CT	Low Drop 12V3A	TO220	€ 9,18
LT 1086 CT	Low Drop 1,25-30 V	TO220	€ 4,73
LT 1086-5 CT	Low Drop 5V1.5A	TO220	€ 4,22
LT 1086-12 CT	Low Drop 12V1.5A	TO220	€ 4,22
LT 1090 CN	Single Chip 10 Bit	20/DIL	€ 21,22
LT 1100CN8	Instrumentenverst.	8/DIL	€ 16,85
LT 1101CN8	Präz. Messverst.	8/DIL	€ 12,76
LT 1253 CN8	DUAL-Video-AMP	8/DIL	€ 5,09
LT 1290 CNN	SingleChip 12 Bit	20/DIL	€ 30,65
LT 1364-CN8	Dual-Video-OP	8/DIL	€ 7,93
LT 1431-CZ	Präz.-Spannungsreferenz	TO92	€ 3,04
LTC 690 CN 8	Reset-Baustein	DIP/8	€ 7,13
LTC 1049 CN8	OP/Amp.	DIP/8	€ 4,73
LTC 1051 CN 8	2fach Chopper OP/Amp.	DIP/8	€ 8,95
LTC 1152 CN8	Rail-to-Rail-OP	DIP/8	€ 7,29
LTC 1155 CN8	Power Mosfet-Treiber	DIP/16	€ 6,62
LTC 1232 CN8	Präz.-Reset-Baustein	8/DIL	€ 4,22
LTC 1235 CN1	6 Reset/Watchdog	DIP/16	€ 8,67
LTC 1250 CN8	Operationsverstärker	8/DIL	€ 8,16
LTC 1257 CN8	12-Bit DAC/Ser. Eingang	DIP/8	€ 11,73
LTC 1286 CN8	12-Bit ADC/Sample+Hold	DIP/8	€ 10,48
LTC 1290 DCN8	AD-Wandler 12Bit	20/DIL	€ 17,87
LTC 1291 DCN8	Dual 12-bit A/D-Wandler	8/DIL	€ 20,43
LTC 1292 DCN8	12-bit A/D-Wandler	8/DIL	€ 20,43
LTC 1293 DCN8	12-bit A/D-Wandler 6-Kanal	16/DIL	€ 22,98

Typ	Bezeichnung	Beinchen	Preis €
LTC 1297 DCN8	12-bit A/D-Wandler mit Power-Shut-Down	8/DIL	€ 25,54
LTC 1419 CSW	14-bit A/D-Wandler 800K/SDS	S028	€ 35,76
LTC 1491	Quad OP Rail to Rail	14/DIL	€ 6,62
LTC 1446	Dual DAC 5V 12 Bit R/R	8/DIL	€ 12,76
LTC 2400 IS 8	24-Bit-AD-Wandler	S08	€ 20,43
M 51660 L	Servo-Treiber-IC	14/SIL	€ 4,22
MAX 038	Funktionsgenerator-IC	20/DIL	€ 21,22
MAX 138 CPL	3,5-Digit A/D-Converter	40/DtL	€ 7,64
MAX 139 CPL	3,5-Digtit A/D-Converter	40/DIL	€ 10,48
MAX 454	4-Kanal Video-Multiplexer	14/DIL	€ 12,76
MC 1458 P	Zweifach OP DIL 8	8/DIL	€ 0,56
MC 1488	=SN 75188 Quad LineDriver	14/DIL	€ 0,66
MC 1489	=SN 75189 Quad Line Receiver	14/DIL	€ 0,66
MC 2830 P	Sprachsteuer IC	8/DIL	€ 3,55
MC 3403 N	4fach OP-Verstärker	14/DIL	€ 0,87
MC 34151	High-Speed Dual MOSFET-Treib.	8/DIL	€ 1,79
MC 145026	Remote Control Decoder	16/DIL	€ 2,94
MC 145027	Remote Control Decoder	16/DIL	€ 4,47
MK 484	AM-Radio IC	3/TO 92	€ 0,79
MSM 5832RS	Real Time Clock/Calendar	18/DIL	€ 8,67
MT 8870	DTMF-Receiver	18/DIP	€ 4,22
MT 8880	DTMF-Transceiver	20/DIP	€ 6,90
NE 555	Präzisions-Zeitgeber (Timer)	8/DIL	€ 0,26
NE 556	Doppel-Timer(2 x NE 555)	14/DIL	€ 0,69
NE 567V	Ton-Decoder	8/DIL	€ 0,87
NE 572	programmierb. Analog-Compand.	16/DIL	€ 5,37
NE 5532 N	2-fach OP	8/DIL	€ 1,53
NE 5534 N	= TDA 1034 B = XR 5534	8/DIL	€ 1,41
OP 07 CN 8	Präz. OP Amp.	8/DIL	€ 1,53
OPA 623	Präz. OP Amp 280 MHz	DIL/8	€ 15,59
PCD 3360 P	Telefonsound-IC	16/DIL	€ 2,38
RC 4136N	4fach OP 3 MHz	14/DIL	€ 1,18
RC 4151 NB-8	Spannungs-/Frequ-Converter	8/DIL	€ 2,05
RC 4558 ND	2fach OP 3 MHz	8/DIL	€ 0,74
REF 02 CN 8	5,0V ± 0,3%	8/DIL	€ 5,09
SAA 1029	Logik u. Interface IC	16/DIL	€ 6,62
SAE 800	1-,2-u.3-Klang/Gong IC	DIP8	€ 5,09
SLB 0587	Sensor Dimmer IC	8/DIL	€ 4,73
SN 75492 N	6f. MOS zu VLED u. Segm. Treib.	14/DIL	€ 1,94
TA 7222 P	Verstärker	10/S1L	€ 3,55
TBA 120T	OP für Keramikresonatoren	14/DIL	€ 0,95
TBA 810AS	NF-Verstärker 7 W. m. Kühlfahne	16/DIL	€ 1,33
TBA 810S	NF-Verstärker m. Kühlfahnen	16/DIL	€ 1,33
TBA 820 M	NF-Verstärker 2 W	8/DIL	€ 0,79
TBA 950A	Gereg. Impulsgenerator	14/DIL	€ 3,04
TC 4469 CPD	Motortreiber	14/DIL	€ 5,37
TC 8831 F	SMD-Sprachprozessor	60/PLCC	€ 9,69
TCA 965	Fensterdiskriminator	14/DIL	€ 4,22
TCA 3727	Schrittmotorenst. f. 2-Phasen-Motor	20/DIL	€ 6,11
TDA 1010A	6 W NF-Verstärker	8/DIL	€ 2,05
TDA 1013 B	4 W NF-Verstärker	9/S1L	€ 3,04
TDA 1020	10 W NF-Verstärker	9/SIL	€ 3,14
TDA 1023	Zündstufe f. Triacs/Thyrist.	16/DIL	€ 3,45
TDA 1519 A	2 x 10 W NF-Verst.	9/SIL	€ 6,11
TDA 1521	2 x 15 W HiFi-Verst.	9/S1L	€ 5,60
TDA 1524 A	Stereo Lautst.- u.Klangeinst.	18/DIL	€ 4,99
TDA 15530	NF-Leistungsverst. Stereo	13/DIL	€ 8,95
TDA 15600	40 WAudio-Verstärker	17/SIL	€ 13,04
TDA 2002	NF-Verst. 8W/2 Ohm	5/PENTAW.	€ 1,53

Typ	Bezeichnung	Beinchen	Preis €
TDA 2003	NF-Verst. 6W/4U.10W/25Ohm	5/PENTAW.	€ 1,38
TDA 2004	Stereo-Verstärker 2x6W	11/PENTAW.	€ 3,04
TDA 2005	Brückenverstärker 20W	11/PENTAW.	€ 3,91
TDA 2006	NF-Verst. 12W/4Ω	5/PENTAW.	€ 1,92
TDA 2030	NF-Verst. 18W/4Ω	5/PENTAW.	€ 1,53
TDA 3810	Stereo-Basisbr. u. Pseudostereo	018/DIL	€ 5,37
TDA 4050 B	IR-Vorverstärker	8/DIL	€ 3,04
TDA 7000	UKW-Empfänger IC	18/DIL	€ 3,04
TDA 7052	1 W NF-Verst. ext. Bauteile	8/DIL	€ 1,53
TDA 7053	2 x 1 W NF-Verst. k. ext. Bauteile	? 16/DIP	€ 3,71
TDA 7294 V	NF-Verst. 100 W	MULTIW./15	€ 9,97
TEA 1007	Phasenanschnittsteuerung	8/DIL	€ 2,43
TEA 1024	Nullspannungsschalter	8/DIL	€ 1,92
TEA 1041 T	Spannungsüberw. Akku/Batt.	8/SO	€ 3,04
TL 061 CP	OP-Verst. m. JFET-Eing.	8/DIL	€ 0,79
TL 062 CP	2fach OP wie 061	8/DIL	€ 0,79
TL 064 CN	4fach OP	14/DIL	€ 1,02
TL 071 CP	JFET-Eingang. rauscharm	8/DIL	€ 0,61
TL 072 CN	2 x TL071	8/DIL	€ 0,69
TL 074CN	Ouad. TL07	14/DIL	€ 0,84
TL 081 CP	OP m. JFET-Eing. Anschl. wie741	8/DIL	€ 0,59
TL 082CP	Zweifach OP	8/DIL	€ 0,55
TL 084CN	4fach OP (Ouad TL 081)	14/DIL	€ 0,84
TL 431C	Eing. Spg-Rgl. 2,5...35V	3/T092	€ 0,84
TL 494	PWM-Power-Control	16/DIL	€ 1,54
TL 7705ACP	Spannungsüberwachung	8/DIL	€ 1,54
TL 7757	Resetbaustein	T092	€ 1,-
TLC 272 CP	Lin. C-MOS Dual OP	8/DIL	€ 1,41
TLC 274 CN	Lin. C-MOS Quad OP	14/DIL	€ 2,30
TLC 372 CP	Dual Lin C-MOS Diff. Comp.	8/DIL	€ 1,40
TLC 374 CN	Quad-OP-Amp	DIP/14	€ 2
TLC 549 CP	8-Bit-A/D-Wandler	8/DIL	€ 2
TLC 0834 CN	4-fachAD-Wandler	14DIL	€ 3
TLP 01 FP	Temp.-Sensor programmierbar	8/DIL	€ 7
U 208B	Phasenanschnittsteuerung	8/DIL	€ 2,4
U 210 B	Phasenanschnittsteuerung	14/DIL	€ 3,29
U 217B	Nullspannungsschalter	8/DIL	€ 1,50
U 880 B	Gegentaktblinker	TOS	€ 2,07
U 2008 B	Phasenanschnittsteuerung	8/DIL	€ 2
U 2010 B	Phasenanschnittsteuerung	16/DIL	€ 2,50
U 2100 B	Triac und Relais-Timer	8/DIL	€ 2,30
U 2400	Ladegerätesteuerunq	16/DIL	€ 3,40
U 2402 B	NiCd/NiMh-Schnelllader	18/DIP	€ 5,20
U 2403 B	Ladetimer	8/DIP	€ 2,20
U 2510 B	All Band AM/FMReceiver	28/DIL	€ 2
U 6052B	Empfänger	18/DIL	€ 8,52
U 6081 B	Impulsbreitensteuerung	8/DIL	€ 2,72
UA 3730	Security Lock with Alarm	18/DIL	€ 3,96
UAA 145	Phasenanschnitt-Schaltung	16^IL	€ 9
UC 3906	Lade-IC zum Aufbau eines Blei-Akku-Laders	16/DIL	€ 6,67
ULN 2001 AN	Driver 7 Darl. MOS/TTL	16/DIL	€ 0,87
ULN 2002 AN	Driver P-MOS-Eingang	16/DIL	€ 1,21
ULN 2003 AN	Driver CMOS/TTL-Eingang	16/DIL	€ 1,21
ULN 2004 AN	Driver CMOS/P-MOS-Eing.	16/DIL	€ 1,21
ULN 2801	=L601 C Treiberbaustein	1^011-	€ 1,87
ULN 2803	=L603 C Treiberbaustein	18/DIL	€ 1,23
ULN 2804	=L604 C Treiberbaustein	18/DIL	€ 1,87
UM 3561	Sirenengenerator	8/DIL	€ 1
UM 3578-108A	Encoder/Decoder	24/DIL	€ 3,87

Typ	Bezeichnung	Beinchen	Preis €
UM 3758-120A	Encoder/Decoder	18/DIL	€ 2,96
VS 5-24V	Relaisbaustein A-stabil/Bi-stabil		€ 8,35
VX1.35MD	Sender-IC-10 Bit (Fernst.)	24/DIL	€ 4
VX 8.3 SMD	Fernst. Empf-IC 10 Bit	28/DIL	€ 7
X 9C 103	DiartalPoti 10 kW max.	8/DIL	€ 4,20
X 9C 503	Digital Poti 50 kW max.	8/DIL	€ 4,20
X 9C 104	Digital Poti 100 kW max.	8/DIL	€ 4,20
XR 2206	Präz.-Funktionsgen.	16/DIL	€ 5,67
XR 2211CP	FSK-Demod.Tondek.	16/DIL	€ 5
XRL 555 CP	Präz.-Timer	8/DIL	€ 1
XS 7701	Empfänger	16/DIL	€ 10
ZN 427 E	8-Bit A/D-Wandler	18/DIL	€ 17,57
ZN 428E	8-Bit D/A-Wandler	16/DIL	€ 10
ZSD 100	Sirenentreiber-IC	8/DIP	€ 2

*) der Preisliste von Conrad-Elektronic 2001 entnommen

Tab. A.9: Gängige ICs für Fernsehgeräte

Typ	Bezeichnung
M 104	IR-Fernbedienungs-Empfänger, D/A-Wandler und Programmspeicher
M 191	Bildschirmeinblendsteuerung seriell/parallel
MC 1327	Y-Treiber, Dematrix, RGB-Treiber
SAA 1021	Prozessor für Programm-Speicher
SAA 1024/25	30-Kanal-Ultraschallgeber/-sender
SAA 1061	Treiber für 16-Segment-LED-Display
SAA 1121	Prozessor für Programmspeicher
SAA 1130	30-Kanal-Ultraschallempfänger und Speicher
SAB 3012/22/23	IR-Empfänger
SAS 560/70/80/90	4-fach Sensor- und Schaltverstärker
TAA 630S	Treiber, Synchrondemodulator, PAL-Schalter
TBA 120S	Ton-ZF-Verstärker, Demodulation, Lautstärkeregelung
TBA 395	Burstoszillator, Regelspannungsverstärker, Farbartverstärker
TBA 396	Y-Verstärker, Strahlstrombegrenzung, Austastung, Farbtreiber
TBA 440	Bild-ZF-Verstärker, Demodulator, Regelspannungserzeugung
TBA 500	Y-Verstärker, getastete Regelung, Strahlstrombegrenzung
TBA 510	Farbartverstärker, Burstoszillator, Y- und Regelspannungsverstärker
TBA 520	Treiber, Synchrondemodulator, PAL-Schalter
TBA 540	Burstoszillator, Identifikation, Farbkiller
TBA 560	Y-Verstärker, Austastung, Farbtreiber
TBA 800	NF-Vorverstärker und Gegentaktendstufe 5 Watt
TBA 920 S	Horizontaloszillator, Phasenvergleich, Amplitudensieb
TBA 940/950	Horizontaloszillator, Phasenvergleich, Amplitudensieb
TBA 970	Y-Verstärker und Endstufe, Strahlstrombegrenzung und Klemmspannung
TBA 990	Synchrondemodulator, Matrix, PAL-Identifikation
TBA 1140	Bild-ZF-Verstärker, Demodulation, Regelspannungsverstärker
TCA 640	PAL/SECAM-Chromaverstärker, Farbkiller, Burstaufbereitung
TCA 650	PAL/Schalter, Farbsystemschalter, R-Y B-Y-Demodulator
TCA 660	R-Y B-Y-Sättigungsregelung, Kontrastregelung, Klemmspannung
TCA 880	Vertikaloszillator, -synchronisation und -treiber
TDA 440	Bild-ZF-Verstärker, Regelspannung, Videoverstärker
TDA 1029	Betriebsart-Logikschalter mit Vorverstärker
TDA 1035	Bild-ZF-Verstärker, Regelspannung, Videoverstärker
TDA 1043	Ton-ZF-Demodulator, Lautstärkeregelung, NF-Verstärker
TDA 1044	Vertikaloszillator, -synchronisation und -endstufe
TDA 1060	Steuerung für Schaltnetzteile
TDA 1170	Vertikaloszillator, -synchronisation und -endstufe
TDA 1235/36	ZF-Verstärker, Regelspannung, Stabilisierung, Demodulation
TDA 1270	Vertikaloszillator, -synchronisation und -endstufe

Typ	Bezeichnung
TDA 1524	4-fach-Stereopotentiometer
TDA 1910	NF-Endverstärker, Stummschaltung, Diskriminator
TDA 2500	Y-Verstärker, Strahlstrombegrenzung, Austastung
TDA 2510	Farbartverstärker, Regelspannung, Farbkiller, Burst
TDA 2520/22	Referenzoszillator, Dematrix, PAL-Schalter
TDA 2541	Bild-ZF-Verstärker, Demodulator, Y-Verstärker, AFC
TDA 2590 bis 2595	Horizontaloszillator, Amplitudensieb, Synchronisation, Austastung
TDA 2640	Steuerung für Schaltnetzteile
TDA 2650/51/52/53	Vertikaloszillator, -synchronisation und -endstufe
TDA 2690	Y-Vorverstärker, Regelspannung, Schwarzpegel, Synchron-Trennstufe
TDA 3300/500/5/6	Y- und Chromaverstärker, Dematrix, RGB-Treiber
TDA 3510	Burst, PAL-Decoder
TDA 3560/61	PAL-Decoder
. TDA 3576	Horizontaloszillator und Impulsabtrennung
TDA 4400	Bild-ZF-Verstärker, Demodulator, Regelspannung
TDA 4950	Ost-West-Korrektur

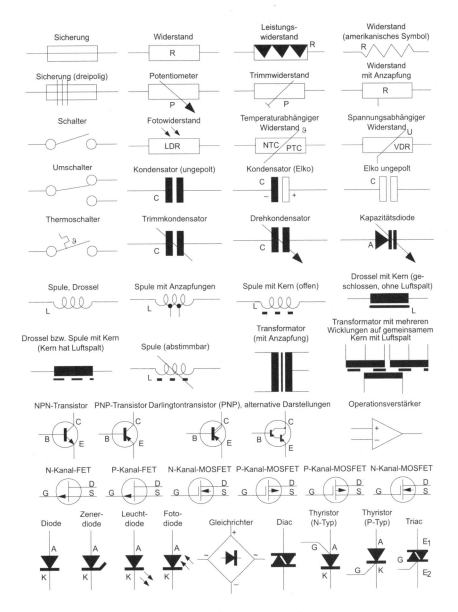

Abb. A.1: Elektronische Schaltsymbole im Überblick

Literaturverzeichnis

[1] 304 Schaltungen, Elektor-Verlag 1995 (z. Zt. 25,05 €).

[2] 305 Schaltungen, Elektor-Verlag 1997 (z. Zt. 25,05 €).

[3] 307 Schaltungen, Elektor-Verlag 1999 (z. Zt. 25,05 €).

[4] Federau, J.: Operationsverstärker, Vieweg-Verlag, Wiesbaden 1998 (z. Zt. 23,52 €).

[5] Hanus, B.: Der leichte Einstieg in die Elektronik; Franzis-Verlag, München 1999 (z.Zt. 25,05 €).

[6] Härtl, A.: SMD-Technik, (z. Zt. 20,43 €).

[7] Huttary, R.: *230 V - Haushaltselektrik erfolgreich selbst installieren und reparieren*; 1. Teilband zu [1], Franzis-Verlag, München, 2001.

[8] Huttary, R.: *Haushaltselektrik und Elektronik*; 3., völlig überarb. u. stark erw. Aufl, Gesamtband, Franzis-Verlag, München, 2001. (z. Zt. 35,76 €).

[9] Huttary, R.: *Haushaltsgeräte erfolgreich selbst diagnostizieren und reparieren*; 3. Teilband zu [1], Franzis-Verlag, München, 2001.

[10] Kainka, B.: Handbuch der analogen Elektronik, Franzis-Verlag, München 1999 (z. Zt. 35,76 €).

[11] Limann, O./Pelka, H.: Fernsehtechnik ohne Ballast, 16. n. bearb. Aufl., Franzis-Verlag, München 1991.

[12] Linear IC, Taschenbuch Operationsverstärker, MITP, Bonn 1995 (z. Zt. 20,35 €).

[13] Lummer, H.: Erfolgreicher Videorecorder-Service, 3. Aufl., Franzis-Verlag, München 1995 (z. Zt. 39,88 €).

[14] Nührmann, D.: Das kleine Werkbuch Elektronik, Franzis-Verlag, München 1994 (z. Zt. 20,43 €).

[15] Nührmann, Professionelle Schaltungstechnik 1 bis 12 in 6 Bänden, Franzis-Verlag, München 2000 (z. Zt. 101,24 €).

[16] Nürmann, D.: Das große Werkbuch der Elektronik, Franzis-Verlag, München 1998 (z. Zt. 101,24 €).

[17] Schlomka, C./Wezel, D.: Elektronik für Sie, Bde 1 u. 2, Hueber-Holzmann-Verlag, München 1975.

[18] Schmid, A.: Erfolgreicher Sat- Fernsehgeräte-Service, Franzis-Verlag, München 1995 (z. Zt. 35,28 €).

[19] Schmid, A.: Erfolgreicher Unterhaltungsgeräte-Service, Franzis-Verlag, München 1994 (z. Zt. 45,50 €).

[20] Stiny, L.: Grundwissen der Elektrotechnik, Franzis-Verlang München 2000.

[22] Wupper, H./Niemeyer, U.: Elektronische Schaltungen II, Springer-Verlag Berlin 1996.

Stichwortverzeichnis